魅力化学

MEILI HUAXUE

何国柱 著

西安交通大学出版社
XI'AN JIAOTONG UNIVERSITY PRESS

图书在版编目(CIP)数据

魅力化学 / 何国柱著. — 西安：西安交通大学出版社,2023.12(2024.9 重印)
ISBN 978 - 7 - 5693 - 3591 - 0

Ⅰ. ①魅…　Ⅱ. ①何…　Ⅲ. ①中学化学课—教学参考资料　Ⅳ. ①G634.83

中国国家版本馆 CIP 数据核字(2024)第 010583 号

书　　名	魅力化学	
著　　者	何国柱	
责任编辑	韦鸽鸽　刘　攀	
责任校对	赵化冰	

出版发行	西安交通大学出版社
	（西安市兴庆南路 1 号　邮政编码 710048）
网　　址	http://www.xjtupress.com
电　　话	(029)82668357　82667874(市场营销中心)
	(029)82668315(总编办)
传　　真	(029)82668280
印　　刷	西安五星印刷有限公司

开　　本	700 mm×1000 mm　　1/16	印张 7.375	字数 180 千字
版次印次	2023 年 12 月第 1 版　　2024 年 9 月第 2 次印刷
书　　号	ISBN 978 - 7 - 5693 - 3591 - 0
定　　价	68.00 元

如发现印装质量问题,请与本社市场营销中心联系。
订购热线:(029)82665248　82667874
投稿热线:(029)82665249
读者信箱:1431440292@qq.com

作者简介

何国柱,男,硕士研究生,中小学高级教师,山西省优秀班主任,临汾市优秀党务工作者,山西省"三晋英才"青年优秀人才,山西师范大学兼职教师,专业硕士研究生导师。参与编写北京师范大学出版社出版的论著 2 部、公开发表论文 3 篇、参与编写教辅用书 10 余册,主持山西省"十四五"规划课题 1 项,荣获山西省教学成果奖二等奖 1 项。新疆生产建设兵团第六师新湖一中优秀支教教师。长期研究实验教学和创新教学,注重理论知识与生产、生活的结合应用,目前对化学教学中如何进行课程思政及课后服务内容进行实践研究。

前　言

　　化学是一门"耀眼"的自然科学。百万年前先民点燃火炬,并谓之物质变化之学,故曰化学,即变化是化学的中心要义。化学悠久的历史是通过无数次实验总结定律、公式的历史,化学发展的历史是人类文明的历史。化学具有神奇的历史,每个原子都有故事,每个分子都有故事。化学是从原子、分子的角度来了解自然与非自然的事物,且恣意地以各种方式改变着我们的生存世界,它涉及衣、食、住、行、用各个层面。在中国化学的历史上,侯德榜先生发明的侯氏制碱法在中国乃至全球的化学工业史上占有举足轻重的地位。中国在世界上首次合成结晶牛胰岛素的成就,张青莲院士在国际会议上成功地维护了中国化学会在国际组织中的代表权,维护了国家利益。奋进的中国化学在世界化学发展史上烙下了"中国印"。

　　科学研究里有独特的乐趣和魅力,好奇心的驱动让我们对科学产生了热爱。然而,科学研究里也有必需的使命和责任,使命导向下的科研更彰显出科研的艰辛。在科学研究里最完美的就是兴趣导向和使命导向的相辅相成。试错也是一种成果,钢是在烈火和急剧冷却中锻炼出来的,无数次实验、无数次实践,失败与成功交织,经历科学探究与实践,在发现与解决问题中形成化学观念,在守正创新中发展科学思维,养成科学的态度,形成一定的责任担当。

　　打开一扇窗,带你进入化学的世界,感受化学的魅力,感受热爱的魅力!

　　本书基于山西省教育科学"十四五"2022规划课题"SJ—22059"

"'双减'背景下课后服务内容的研究"进行撰写,感谢课题组成员的支持,感谢山西省临汾市二一三奇石博物馆、山西省临汾市自来水公司、山西农业大学小麦研究所、临汾胜杰齿科医院等单位为社会实践提供的优质服务,感谢临汾三中实验室为实验的开展提供的坚强有力的保障。感谢西安交通大学出版社的帮助与支持!

由于作者水平所限,书中疏漏之处在所难免,敬请广大读者批评指正。

何国柱

2023 年秋冬于尧都

目　录

魅力化学之**奋进篇** **1**

魅力化学之**实践篇** **2**

魅力化学之实验篇 3

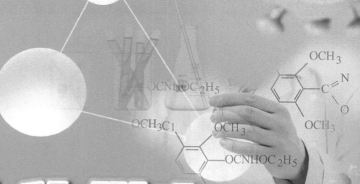

魅力化学之
奋进篇 1

　　大江东去，浪涛腾跃。唯有奋进，我们才能在历史的浪潮中获得笃定前行的勇气。化学，作为一门自然科学，充满了无穷的变幻，这正是化学特有的魅力。作为化学教师，同时也是一名科普志愿者，我在讲授化学知识的同时，致力于向全社会弘扬追求真理、勇攀高峰的科学精神，广泛传播科学知识、展示科技成就，助力形成热爱科学、崇尚科学的社会风尚；注重加强科学教育，播撒科学种子，激发青少年的好奇心、想象力和探索欲，培养具备科学家潜质、愿意献身科学研究事业的青少年群体。我国科技工作者在奋进中彰显了以"爱国、创新、求实、奉献、协同、育人"为主要内涵的科学家精神。奋进的中国化学史不仅增强了青少年对化学重要性的认识，更在无形中涵养了他们深沉的家国情怀。

一、化学救国

化学极大地推动了科学技术的发展。历史学家有时候以一种新材料的出现和广泛应用作为划分时代的标志,如石器时代、青铜器时代、铁器时代等。在材料制作与使用的过程中,化学发挥了不可或缺的作用。在古代,我国的化学工艺就已取得卓越的成就。举世闻名的青铜器的制造、铁的冶炼与应用、火药的发明和瓷器的烧制,都是我们的祖先在化学领域取得辉煌成就的体现,更是我们中华文明的标志。近代,由于曾经的闭关锁国,我们未能跟上世界科技发展的步伐,导致中华民族经历了一段艰难时期。中华民族涌现出无数的英雄人物,他们在各自的领域用自己的才华和成就,引领着我们的民族不断向前,冲破黑暗。在化学领域,杰出代表有发明侯氏制碱法的侯德榜先生。为了反抗侵略和压迫,我们的人民也将很多化学知识运用到斗争之中,为中华民族实现独立、自由立下了不可磨灭的功勋,例如,《闪闪的红星》中潘冬子巧妙运盐的故事;《地雷战》中群众自制炸药和用地雷打击侵略者的故事,等等,不胜枚举。

(一)闪闪红星下的运盐故事

把食盐和沙子同时放入水中,沙子不会溶解,说明物质能否溶解与它的性质有关。经验告诉我们,等体积的水在 100 ℃时能溶解的糖的质量比 20 ℃时要多,这证明了物质的溶解性受到温度的影响。科学家根据常温下物质在水中溶解度的不同,将物质分类为易溶、可溶、微溶和难溶等。在日常生活中,我们常见的碳酸氢钠,即小苏打,属于可溶物;碳酸钠,即苏打,属于易溶物;而氢氧化钙,通常称为熟石灰,属于微溶物;碳酸钙,作为石灰石的主要成分,则属于难溶物。

图1-1 爷爷摸着冬子浸过盐水的棉衣

大家是否读过一本小说——作家李心田所著的《闪闪的红星》? 这部小说也被改编为电影,广受欢迎。在小说中,有一个这样的情节:敌人在山脚下设立了哨卡,禁止携带盐上山,企图以此打击红军战士。面对凶狠的敌人,潘冬子并未退缩,他想出了一个好办法。他将水灌进有盐的竹筒里,把盐化成盐水,再把盐水倒在自己的棉衣上,顺利上山后再将棉衣浸泡、熬煮,成功把盐运到红军战士手中。潘冬子就是巧妙地运用了溶解和蒸发结晶的化学原理,才躲过了敌人的搜查。

在书中,潘冬子成功地为红军战士带来了盐;而在书外,《闪闪的红星》则充实了人们的精神,为后人指明了方向,持续不断地给人民带来了精神力量。

核心知识链接

氯化钠是食盐的主要成分,其化学式为 NaCl,在工业上,它用于生产氯气和烧碱(氢氧化钠);在生活中,氯化钠作为调味品被广泛使用;在医疗领域,氯化钠可以配制成生理盐水,这是一种溶质质量分数为 0.9% 的氯化钠溶液。在农业中,氯化钠溶液也被用来

进行种子选择。

$$NaCl + AgNO_3 \xrightarrow{\quad} AgCl\downarrow + NaNO_3$$

$$2NaCl + 2H_2O \xrightarrow{\text{通电}} 2NaOH + H_2\uparrow + Cl_2\uparrow$$

溶解性是溶质在溶剂中溶解的能力。这种能力不仅与溶质和溶剂的性质有关,还受到温度的影响。溶解度是用来定量描述物质溶解性强弱的一个参数。固体物质的溶解度具体指的是在一定温度下,该物质在 100 g 溶剂(通常为水)中达到饱和状态时所溶解的质量。根据物质在常温下水中的溶解度差异,可以将物质分类为易溶、可溶、微溶、难溶等。将溶液经过加热蒸发,达到饱和状态后,若继续蒸发溶剂,溶质便会以结晶的形成析出,这种方法被称为蒸发结晶;而对于那些溶解度受温度变化影响较大的固体物质,我们通常采用冷却热饱和溶液的方法,使得溶质从溶液中结晶析出,这种方法被称为降温结晶。

(二)我的一切发明都属于祖国——侯氏制碱法

不知道大家在生活中是否听过"三酸两碱"?想必大家对于这里提到的三酸和两碱都充满了好奇。其实,它们指的是硫酸、盐酸、硝酸和烧碱(氢氧化钠)、纯碱(碳酸钠)。在国际上,一个国家酸、碱、盐的产量常常被用来衡量其化学工业的发展水平。

纯碱,化学名为碳酸钠,俗称苏打,呈白色粉末状,易溶于水,其水溶液呈碱性。纯碱既可以天然获得,从内陆湖中提取,也可以通过化学方法生产。纯碱在玻璃、纸张、纺织物、洗涤剂等日用化学工业方面有着广泛的应用,对我们的日常生活至关重要。

提及纯碱,就不得不提侯德榜先生,这位为我国化学事业发展作出卓越贡献的科学家。侯德榜先生于 1890 年出生于福建省闽侯县,他从小刻苦学习,成绩优异。后来,他在化学领域取得了巨大成就,成为我国近代化学工业的奠基人。在抗日战争期间,他提出了制碱新方法——"联合制碱法",该方法也被称为"侯氏制碱法"。这种方法结合了氨碱法和合成氨法两种工艺,不仅提高了食盐的利用率,缩短了生产流程,还减少了对环境的污染,降低了纯碱的成本,因此享誉全球,并得到广泛应用。面对国际学术界的赞扬和评价,侯德榜先生始终保持着谦逊的态度,他曾说:"我的一切发明

图1-2 化工专家侯德榜

都属于祖国。"这句话彰显了他对祖国的深深热爱。尽管取得了巨大成就,侯德榜先生并未停止对化学工业的探索,他为我国化工产业奋斗终生,直至生命的最后一刻。

回看侯德榜先生生平,他21岁考入清华学堂高等科,22岁赴美留学,先后在麻省理工学院和哥伦比亚大学专攻化工专业。1921年10月,刚刚在美国获得博士学位的侯德榜先生,满怀报国之志回国创业。无论是他辉煌的履历,还是他为祖国作出的巨大贡献,都使他成为一位值得大家尊敬和学习的楷模。作为新时代青少年,我们更应该继承侯德榜先生等老一辈科学家吃苦耐劳、热爱祖国、无私奉献的精神,努力在新时代为祖国的发展作出贡献。

核心知识链接

碳酸钠属于常见的碳酸盐,同时也是钠盐的一种。

$$NH_3 + H_2O + CO_2 + NaCl \rightleftharpoons NaHCO_3 \downarrow + NH_4Cl$$

$$2NaHCO_3 \stackrel{\triangle}{=\!=\!=} Na_2CO_3 + H_2O + CO_2 \uparrow$$
$$Na_2CO_3 + Ca(OH)_2 =\!=\!= CaCO_3 \downarrow + 2NaOH$$
$$Na_2CO_3 + 2HCl =\!=\!= 2NaCl + H_2O + CO_2 \uparrow$$

（三）众志成城备战庆典 镍铬合金凸显深情

爱国主义教育类型电影《我和我的祖国》中的《前夜》片段,描述了开国大典前夕,为确保毛主席在天安门广场按下升旗控制按钮时国旗能正常升起,电动升旗装置总设计师林治远在验收前一个月内进行了多次模拟试验,然而,在距离验收仅剩 3 小时 50 分钟的最后一次试验中,旗杆顶端的阻断球出现了断裂。在这部电影中,"阻断球"作为一个重要角色,短短 30 分钟内便四次出现在观众眼前。

"阻断球断了!""怎么回事?""这种材质的阻断球,锈时间长了就容易脆弱,应急之法必须往合金里加入矽(硅)、铬、镍这三种稀有金属使它变成钢。""那这个时候了上哪儿找去?""街坊邻居们,我们这里急需矽、铬,还有镍。谁家有电子管收音机、白铜或者相关金属物品……为了开国大典,谢谢大家,拜托大家了!"四野的老首长立即派出一个营的战士,满城寻找矽、镍。"这是新中国的第一面红旗,不能出错!"无奈的情绪笼罩在众人头上,宁静中时间仿佛也停滞了。

"同志,这是大典筹备处吗?""是啊!""你看我这个烟袋锅子能用吗?""大爷,这是铜的,我们用不了。""能用就用上吧!""叔叔,是这吗?"有人送来了勺子。"大家别挤,慢慢来,往里走。"有人送来了眼镜、金条,甚至有一位母亲抱着小孩送来了长命锁……

"我这个有用。我是清华大学化学系教授。这是我们化学实验室仅存的一块样板——铬。"相互鞠躬致意后,筹备组的人员脸上终于露出了久违的微笑。

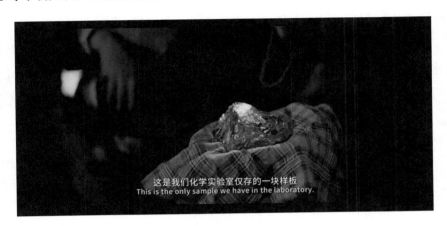

图 1-3　清华大学教授送来的金属铬样板

接下来是称量、制模、加氧熔化,随后便制成了硬度更大的阻断球。

林治远总设计师真情述说:"再过几个小时就是开国大典了,到时候广场会有二十万群众看着,全国会有四万万同胞看着,全世界的人都在看着,在这个重大的历史时刻,千小心万小心还是出了纰漏,如果毛主席按动按钮的时候出了问题,那后果不敢想象。不可能,我也绝不能让任何问题出现!无论如何,我都要保证新中国第一面国旗顺利升起!"最终,赶在早晨 6 点前,林治远克服恐高症,亲自将阻断球焊接在天安门广场的旗杆上,开国大典中毛主席通过按动按钮亲手将中华人民共和国国旗升起。

在观众为林治远的真情流露而感动、爱国之情油然而生之时,其中展现的化学知识也深深地印刻在观众的脑海中。

只有多种金属共同熔合在一起,才能体现出金属材料之一合金的特殊性质,这是这部影片中所用到的化学知识。影片中合金所体现的"兄弟同心，其利断金"的团结合作、攻克难关的精神深入脑海、深入心田，同时，北京市民等群体所展现出的热情，也是这部影片所流露出的爱国情怀。

清华大学教授的倾情捐献，"这是我们化学实验室仅存的一块样板——铬"充分彰显了科学家的大局意识。这不禁让我们对清华大学教授的敬意油然而生，学好文化知识，就要服务国家的建设，有国才有家。

核心知识链接

如果说技术是工业的血液，那么钢铁则是支撑它的骨骼。早在春秋时期，我们的祖先就开始人工冶炼铁器，并随着时间的推移，铁器在生产、生活中占据着越来越重要的位置。

铁是一种银白色、具有金属光泽的固体，它在大自然中主要以矿石的形式存在（如磁铁矿、赤铁矿、菱铁矿等）。在工业上，铁矿石经过高炉冶炼后，可以得到含有一定量碳、硫、磷和硅等元素的生铁。生铁的含碳量通常为 $2\%\sim4.3\%$。由于其坚硬但韧性差的特点，生铁一般用于铸造。我们生活中的铁锅、暖气片、工厂车间机床的底座等，大多是用生铁铸造而成的。如果将生铁在炼钢炉中进一步冶炼，除去生铁中的部分碳、硅、硫和磷等杂质后，便可以得到钢。钢的含碳量通常为 $0.03\%\sim2\%$。钢具有良好的延展性、弹性、韧性和机械性能，因此钢一般用于锻造、轧制和铸造。钢的性能确实比生铁优越。

合金具有许多良好的物理、化学和机械性能。合金的硬度一般比各成分金属的大，而大多数合金的熔点低于其组成成分金属的熔点。调整合金的组成比例和改变合金的形成条件,可以制成性能不同的各种合金。

赤铁矿炼铁:$C + O_2 \xrightarrow{\text{点燃}} CO_2$　　$CO_2 + C \xrightarrow{\text{高温}} 2CO$

$Fe_2O_3 + 3CO \xrightarrow{\text{高温}} 2Fe + 3CO_2$

$CaCO_3 \xrightarrow{\text{高温}} CaO + CO_2 \uparrow$　　$CaO + SiO_2 \xrightarrow{\text{高温}} CaSiO_3$

炼钢:$C + O_2 \xrightarrow{\text{点燃}} CO_2$

二、化学兴国

中华人民共和国成立后,国家内部百废待兴,外部面临敌对势力的严密封锁,各项建设举步维艰,比如,在电影《我和我的祖国》之《前夜》中表现的那样,为了做一个合格的"阻断球",仅需要一点矽(硅)、铬、镍都大费周章,可见当时我国的化学和工业基础多么薄弱,敌对势力对我国的封锁多么严密。这时,在"自力更生、丰衣足食"的号召下,我国的化学家和科技工作者艰苦奋斗,克服难以想象的困难,在奋斗中铸就了蕴含爱国奉献、舍我其谁、自尊自信、自强不息的"两弹一星"精神,不仅打破了各项封锁,还创造了很多世界第一,更提高了我国的国际地位。例如,1965 年 9 月 17 日,我国科学家首次人工合成了结晶牛胰岛素,这也是世界上第一个人工合成的蛋白质,这标志着人类在探索生命奥秘的征途中迈出了关键一步,开辟了人工合成蛋白质的时代,在生命发展史上产生了重大影响,也为我国生命科学的研究奠定了基础。

（一）小小原子量 巍巍张青莲

张青莲，著名的无机化学家和教育家，中国科学院院士，是我国第一位从事重水研究的专家。张院士在德国留学时就开始研究重水，并且成为研究重水的专家。1937 年，抗日战争全面爆发，张青莲抱着一颗爱国心，毅然选择回国。回国后，他克服种种困难，怀着一颗拳拳爱国心，利用自己回国前省钱购买的仪器进行重水研究。中华人民共和国成立后，张青莲主动承担并参与重水的研制和生产工作，为我国的原子弹和氢弹的研制工作奠定了基础，并作出巨大贡献。张院士热爱科学，在 82 岁时，他亲自组织和指导测定的铟元素的原子量被评定为新的国际标准，这是国际上第一次采用中国测定的原子量数值作为新的国际标准，让我国许多科学家信心大增。随后，经过整整 12 年的奋斗，张院士测定的 10 种元素的原子量数值被评定为新的国际标准。这项工作的研究大大提升了我国科学家的信心，也提高了我国的国际地位。

图 1-4　化学家张青莲

张院士经常说，科技兴国的中心思想是爱国主义。他用自己的一生践行了科技兴国和爱国主义的内涵。1979 年，他作为中国化学会五人代表团的成员之一赴赫尔辛基参加第二十七届国际纯粹与应用化学联合会学术大会，他所作的主题报告《氢氧同位素丰度测定》成功维护了中国化学会在该国际组织中的代表权，维护了我们国家的利益。

　　张院士是一位严谨的科学家,他的爱好十分广泛。他喜欢书画、摄影、拳术、旅游、花木、奇石,而且造诣颇深。他为人忠厚正直,乐观开朗,为支塘初级小学正修亭题写的铭文正能体现这一点:东坡喜雨,欧阳醉翁,姑苏沧浪,海虞辛峰,美哉斯亭,正修遗风,格物致知,学海无穷,良师教诲,杏坛沐熏,业精于勤,桃李欣荣,莘莘学子,志壮心雄,为民造福,为国立功。殷殷寄语,是他对后人的期望。青少年要以张青莲先生为榜样,努力学习,立大志、明大德、成大才、担大任。

核 心 知 识 链 接

　　原子由原子核和核外电子构成,原子核的体积很小,几乎集中了原子的全部质量,而电子的质量相对要小得多。原子的质量很小,一个氟原子的质量为 3.156×10^{-26} kg,一个铁原子的质量为 9.3×10^{-26} kg。原子质量如此之小,使用起来极不方便。为此,国际上规定采用相对原子质量来表示原子的质量。以一种碳原子的质量的 $1/12$ 作为基准,其他原子的质量与这一基准的比,称为这种原子的相对原子质量,单位是1,省略不写。氟原子的相对原子质量为19.00,铁原子的相对原子质量为 55.85。

　　对于原子来说,核电荷数=质子数=核外电子数=原子序数。在化学变化中,原子经常因失去或得到电子而形成离子。离子是带电的原子或原子团。离子的电性和电量与其化合价相一致。

（二）敢于挑战 合成胰岛素

1958年，英国化学家弗雷德里克·桑格因他在1955年完成了胰岛素的全部测序工作而获得诺贝尔化学奖。当时国际权威学术期刊《自然》发表评论文章断言："合成胰岛素是遥远的事情。"同年，中国科学院上海生物化学研究所本着为祖国作出大贡献，提出合成一个蛋白质——"人工合成胰岛素"的挑战性科研课题。参加的科研人员由中国科学院上海生物化学研究所、中国科学院上海有机化学研究所和北京大学化学系三家单位中的科研骨干组成。

经过多年的团队协作，中国科学院上海有机化学研究所和北京大学化学系合作合成胰岛素A、中国科学院上海生物化学研究所合成B链，两条肽链进一步组装成蛋白质，1965年有生命活力的结晶牛胰岛素首次人工合成。为什么在当时科学还比较落后的中国能做出这样的成就，西方国家感到迷惑不解。他们不知道的是，其成功的背后是科学家集体的聪明才智和报国之志下艰苦卓绝的研究，彰显的是中国的科学家精神。

核 心 知 识 链 接

胰岛素是胰岛分泌的一种蛋白质激素。胰岛素对于机体营养物质代谢过程具有重要作用，能增强细胞对葡萄糖的摄取和利用，促进蛋白质和脂肪的合成。胰岛素分泌不足或其生物活性受损时，将出现以高血糖为主要特点的病症。临床上，胰岛素用来降低糖尿病患者的血糖。

图1-5　1965年,我国化学家首次人工合成了结晶牛胰岛素

三、化学强国

随着社会和生产力的发展,为满足人们对特殊材料的需求,科学家往往将两种或两种以上的材料复合成一体而形成复合材料。复合材料集中了组成材料的优点,具有更优异的综合性能。在日常生活中,用得最多的材料是合成材料。合成材料主要包括塑料、合成纤维、合成橡胶等。这种用化学方法合成的有机高分子化合物就是人们常说的三大有机合成材料。有机合成材料的诞生结束了人类只能依靠天然材料的历史。

随着科学技术的发展,具有光、电、磁等特殊功能的高分子材料正在不断地被研制出来,它们的发展将进一步推动人类社会的进步。在这些领域,经过化学家和科技工作者的不懈努力,我国已经取得了辉煌的成绩,甚至走在了世界的最前端。山西太钢不锈钢精密带钢有限公司生产的厚度仅有0.015 mm的"手撕钢",聚酰亚胺材料制作的五星红旗,这些看似高科技的产物,无时无刻不被我们在生活中使用着。这不仅彰显着我国的科技实力,更是我们国家实力的象征。

在无边无际的宇宙中,哪种色彩最为动人? 答案无疑是中国红。中国的航天人员和众多科技工作者,凭借着特别能吃苦、特别能战斗、特别能攻关、特别能奉献的载人航天精神,创造出了众多的奇迹。

从2003年神舟五号载人飞船在太空展示中华人民共和国国旗开始,到2013年嫦娥三号月球探测器在月球上展示,再到2019年嫦娥四号成功登陆月球背面,每一次中华人民共和国国旗在太空的展示,都标志着中国航天科技取得了让世界惊叹的成就。新时代,中国航天人将继续在追梦路上书写中国高度和中国奇迹。身为中国人,我们深感骄傲和自豪。

(一)厉害了,聚酰亚胺! 厉害了,中国航天人!

继嫦娥三号和嫦娥四号任务后,嫦娥五号再次将中华人民共和国国旗带到了月球表面。

2020年12月3日北京时间23时10分,嫦娥五号上升器从月球表面起飞,成功地将月球土壤样品送入预定轨道。这是中国首次实现地外天体的起飞操作。在起飞前,嫦娥五号着陆器与上升器组合体完成了月球表面中华人民共和国国旗的展开,这是中国在月球表面首次独立展示的中华人民共和国国旗。

这面仅重1 kg的中华人民共和国国旗,在月球表面国旗展示系统的帮助下,即使在±150 ℃的极端温差下,依然能保持鲜艳的颜色。旗开月表,五星闪耀,这次展示仅耗时 1 秒钟。

火工品是国旗展示系统中的关键部分,如果它无法正常起爆解锁,后续动作将无法进行。该系统所使用的火工品在国内同等用途和功能的产品中属于最小之一。为了确保其在月球极大温差环境下能正常工作,研制团队进行了数十次试验,包括将火工品放入－200 ℃的液氮罐里和高温环境中的测试。

在国旗展示系统立项初期,科研团队设计了多种方案,包括通过卷轴形式展开的记忆合金展示方案、伺服升旗方案、机构展示方案和折扇形式的展开方案等。经过高低温试验后,科研人员最终决定采用卷轴形式展开中华人民共和国国旗,确保中华人民共和国国旗在展开时平整无褶皱。

正是这套独特且研制难度极高的中华人民共和国国旗展示系统,让中华人民共和国国旗在月球上成功闪耀。阳光照耀下,中国红格外鲜艳,这是中国科技创新与探索精神相结合的完美体现。

这面中华人民共和国国旗与以往有所不同,它是一面真正的旗帜,而非简单的标志。考虑到宇宙中的强大电磁辐射和月球表面温差达±150 ℃的恶劣环境,普通的中华人民共和国国旗无法在这样的条件下使用。为了确保中华人民共和国国旗在展开时具有足够的强度和平整度,科研团队进行了大量的理论研究和模拟试验。在选材阶段,他们花费的时间超过一年。经过对材料的热匹配性、耐高低温、防静电和防月球尘埃等物理特性的测试,科研团最终选择了一种新型复合材料。这种材料不仅可以满足强度要求,而且具有良好的染色性能,确保中华人民共和国国旗能够抵御月球表面的恶劣环境,使其不褪色、不串色、不变形。

由于国旗展示系统的重量只有 1 kg，研究团队围绕整个系统在减重问题上下了大量功夫。除了材料要轻质化之外，研制团队还对设备进行了瘦身。为了控制整个国旗展示系统的重量，研制团队对结构进行了优化设计，在选取耐高温、抗严寒材料的基础上尽量将支架臂做薄、做小。系统使用的支架结构在空间环境中能承受住冷热交变、空间辐照、极低真空等恶劣环境的考验。

研制团队不畏艰难，一边查阅文献资料，一边广泛开展调研论证，携手国内优势单位开展关键技术联合攻关。在他们的共同努力下，中华人民共和国国旗在月球表面成功展示，这让中国探测器在月球上再次打上"中国标识"，推动中国航天迈向太空新高度。

核心知识链接

空气中氮气很稳定，在常温下很难与其他物质发生化学反应。氮气在生产和生活中有着广泛的应用。液氮的超低温常用于医疗手术科技研究。

化学中的氨指氮和氢的化合物，即氨气，化学式为 NH_3，为无色有刺激性气味的气体，极易溶于水。胺指氨分子中部分或全部氢原子被烃基取代而成的有机化合物，即 $-NH_2$。铵指从氨衍生所得的带正电荷的根，即铵根，离子符号 NH_4^+。

（二）五星红旗闪耀在火星

火星，对于中国古人来说，是一颗捉摸不透的星星，闪着诡异的红光，被称为"荧惑"。人们对它抱有敬畏之心。后来我们知道，火星因地表覆盖赤铁矿而成为红色星球。

2020年7月23日在海南文昌由长征五号运载火箭成功发射天问一号火星探测器，2021年2月24日天问一号火星探测器进入火星停泊轨道，天问一号火星探测器成功着陆火星，是我国首次实现地外行星着陆。2021年5月22日，祝融号火星车成功降落在火星表面，开启了对这颗红色星球的探索之旅。这辆火星车表面的国旗和着陆平台上的国旗装置，都是由中国航天科技人员精心设计和制造的。这些国旗紧随天问一号探测器，一同踏上了火星的土地。

2021年6月11日，国家航天局在北京举行了一场盛大的科学影像图揭幕仪式，展示了在火星上成功展开的两面中华人民共和国国旗。值得一提的是，着陆平台上的国旗装置在中国航天器上首次使用，其尺寸精确到长360 mm、宽240 mm，采用了独特的国旗卷绕锁定－展开的展示模式，具有重量轻、展开冲击小等显著优点。

在着陆平台的国旗装置上，中国航天科技人员实现了重大创新，特别是在重量、展开方式和可靠性三个方面上。为了使探测器更加轻便，他们采用了形状记忆复合材料来驱动国旗装置，使得整个装置的重量低于200 g。此外，科研人员巧妙地结合了中国传统文化，设计出独特的卷绕锁定－展开模式，使得大尺寸的国旗能够生动展示,效果极佳。更值得一提的是,解锁设计通过缓慢加热展开的方式,几乎不会对形状记忆复合材料产生振动和冲击,对其他组件的影响也极小,从而大大提高了可靠性。

如今,不仅在寂静的月球上,甚至在火星这颗红色星球上,我国都留下了中华人民共和国国旗的鲜明印记。这标志着中国航天事业经过 60 年的努力,已经从无到有、从弱到强。每一次的发射都在传递着"中国精神",成为国家的骄傲。中华人民共和国国旗的成功登陆,不仅是中国航天事业的重要里程碑,更是中国国家实力的重要象征。展望未来,中国航天事业将继续探索宇宙的未知领域,为全人类的福祉作出贡献。同时,随着国家的发展和科技的进步,中国航天事业也将发挥更大的作用,为人类的未来提供更多可能性。

核 心 知 识 链 接

　　形状记忆合金是指具有特殊的形状记忆功能的合金。从组成上分析,形状记忆合金有镍钛合金,还有铜合金和其他合金。用形状记忆合金做成的金属丝,即使被揉成一团,但是只要达到一定温度,就能在瞬间恢复原来的形状。这类合金被广泛用于航天、生物工程、医疗等方面。

（三）手撕钢见证中国制造实力

手撕钢,学名不锈钢箔材,薄到可以用手轻易撕开,厚度只有头发丝的六分之一,是航空航天等高精尖领域的宠儿,素有"钢铁行业皇冠上的明珠"的美誉。手撕钢是一种高端不锈钢材料,在航天、石油化工、军工核电、新能源、高端电子、汽车、纺织、计算机、精密机械加工等高端行业和关键领域都发挥着重要作用,并开始进入高端电子行业折叠屏、柔韧太阳能组件、传感器、储能电池等高科技领域。这种高工艺难度的制造技术长期被日本和德国等少数发达国家掌握,但国之重器必须掌握在自己手里。2018 年初,科研团队坚持创新、面对失败永不言弃,历经 700 多次失败,攻克了 175 个技术难题、452 个工艺难题后,使 0.02 mm、世界最薄的手撕钢终于在山西问世,成为世界不锈钢材料里的顶尖技术产品,拔掉了那只卡脖子的"手",并在 2023 年使用国产化设备成功轧制出 0.015 mm 超薄手撕钢,成为世界之最,实现了工业技术上的重大突破。

2023 年北京科技大学本科生录取通知书全新改版,重磅首发——以钢为纸,将卡脖子技术藏进录取通知书。录取通知书主体用薄如蝉翼、光似镜面、坚硬且柔韧的"5G 钢"制作而成。"5G 钢"又称"蝉翼钢",主要为 5G 基站信号接收器、信号发射滤波器、集成电路板等用钢,因其厚度薄如蝉翼而得名。我国手撕钢生产领域处于世界领先地位,充分展现了我国钢铁的科研实力和锻造水平。

图 1-6 手撕钢

核心知识链接

延展性是金属的物理性质,包括延性和展性。延性是拉伸成丝的性能,展性是锻压成箔片的性能。因两个概念相近,常被称为延展性。

不锈钢是指含铬 13% 以上的铁合金,还含有金属镍。生活中常见的不锈钢含铬 18% 和镍 8%。不锈钢在空气中不易生锈,能够长久保持其银白色金属光泽,但在某些特殊情况下,如在海水中,不锈钢仍然会被腐蚀。因此,不锈钢并不是绝对不会生锈的,只是在空气中比较稳定而具有较强的"自我保护能力"。

（四）科技助力 向绿而行

在奥运会的历史长河中,一抹象征光明、和平、友谊及团结的火焰始终燃烧不息,它就是火炬。随着时间的推移,我们对火炬的理解不断深入,在火炬设计时,我们将和平的理念与科技紧密结合,在我国举办的世界大型体育赛事中进行了展示。

2008 年北京奥运会中的火炬名为"祥云",它不仅融合了"渊源共生,和谐共荣"的中国传统文化思想,更展现了人与自然和谐共生的理念。祥云的燃料是丙烷,它燃烧生成二氧化碳和水,有效减轻了环境的负担。

图 1-7　2008 年,北京奥运会火炬"祥云"

2019年武汉军运会上,奥运火炬"和平荣光"喷泉间的火焰跳跃绽放,展现了水火相容的奇观。这一场景体现了团结协作、互通有无、和平共处的智慧。喷泉点火技术将甲烷"溶解"在水中,并在一定高度下燃烧,实现了水与火的和谐共存。

图1-8 2019年,武汉军运会火炬"和平荣光"

2022年冬奥会的火炬"飞扬"以氢气为燃料,燃烧后只生成水,实现了完全零排放。它还具备抗极寒天气和十级大风的能力。

图1-9 2022年,北京冬奥会火炬"飞扬"

2023年7月28日成都大运会开幕，"蓉火"的研发，在制作工艺上颇具亮点。"蓉火"实现了零碳燃烧，具备燃烧高性能——内部燃烧系统以航天动力技术为支撑，创新引入多级强化流动预混燃烧与催化蓄热等设计理念，采用全周期碳中和型生物质丙烷燃料代替石油燃料，并充分结合火炬外形特点，优化燃料喷注与空气掺混方案，使火焰呈现出灵动飘逸的亮黄色，不产生碳排放，实现了火炬燃烧的高可靠性和高清洁性。

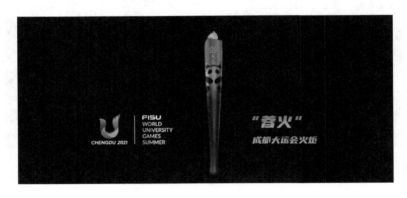

图1-10　2023年，成都大运会火炬"蓉火"

2023年9月23日杭州亚运会主火炬"薪火"采用绿色"甲醇"为燃料，从生产到燃烧产生的二氧化碳实现完全碳中和。其内部装置能自我消纳燃烧产生的污染物，确保无污染排放。科研团队在甲醇中加入特制"盐"，使火焰颜色明艳，借鉴汽车发动机技术，使甲醇燃烧呈现唯美的姿态。

图 1-11 2023 年,杭州亚运会火炬"薪火"

我们以科技书写未来的主旋律,朝着绿色发展方向不断前行。我们都是追光者,让我们共同接过时代之火炬、青春之火炬,续写时代的新篇章。

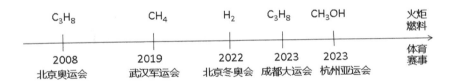

图 1-12 近年来,我国大型体育赛事中火炬的燃料

含碳、氢元素的可燃物完全燃烧时,碳、氢元素分别与氧元素结合生成二氧化碳和水;当氧气不充足时,部分碳元素、氢元素与氧元素结合生成一氧化碳、碳氢化合物等有毒气体和微小的炭黑颗粒等物质。

$$C_3H_8 + 5O_2 \xrightarrow{\text{点燃}} 3CO_2 + 4H_2O \qquad CH_4 + 2O_2 \xrightarrow{\text{点燃}} CO_2 + 2H_2O$$

$$2CH_3OH + 3O_2 \xrightarrow{\text{点燃}} 2CO_2 + 4H_2O \qquad 2H_2 + O_2 \xrightarrow{\text{点燃}} 2H_2O$$

四、科技书写未来

近年来,我国举行的几次大型国际比赛中,火炬成为一大亮点,小小的火炬,看似简单,无论是火炬的材料还是燃料,全都是满满的高科技,无不彰显出我们国家绝对的实力和坚强的自信。新理念、新技术、新材料不断涌现,科技革命方兴未艾,氢能源、人工合成蛋白质、人工合成淀粉,等等,应用越来越多,也在逐渐改变着我们的生活,使我们的生活变得越来越低碳、越来越绿色。

(一)从一氧化碳到人工合成蛋白质

2021年10月30日,中国农业科学院饲料研究所发布:我国在国际上实现一氧化碳合成蛋白质的能力,已达到年产万吨,并且获得首个饲料和饲料添加剂新产品证书。

在人工环境下,我们利用自然存在的一氧化碳和回收的煤焦油等物质,实现了大规模合成蛋白质。这一技术被国际学术界认为是影响人类文明发展和对生命现象认知的革命性科学。自然界中,蛋白质的合成通常由植物或具有固氮功能的微生物完成,通过光合作用形成糖类,再经过一系列物质转换才能完成。

经过长达6年的研究,我国科研团队成功突破了乙醇梭菌蛋白的核心技术,大大提高了反应速度和原料物质的转化效率,实现了工业化一步生物合成蛋白质,获得率高达85%,创造了新的纪录。为了评估这一产品的效价,经与中国农业科学院饲料研究所合作,并在国家重点研发计划——蓝色粮仓项目框架内推广,该产品在饲料行业中的应用稳步推进。

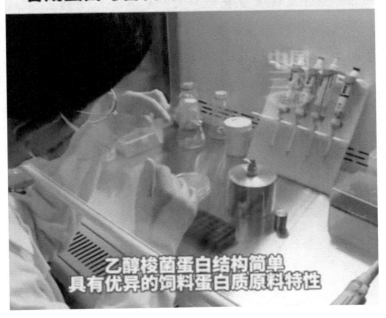

图1-13 科研人员在认真做实验

作为世界饲料生产和消费大国,我国正在自主研发新型非粮蛋白质,逐步减少对大豆蛋白的依赖。这不仅对我国有重大的战略意义,而且该研究采用一氧化碳、二氧化碳和氨水为主要原料,创造出新型饲料蛋白资源乙醇梭菌蛋白。这种"无中生有"的技术将无机的氨和碳转化为有机的氨和碳,实现了从0到1的自主创新。此外,这对国家实现"双碳"目标也有着重要的意义。

核心知识链接

一氧化碳是无色、无味、难溶于水的有毒气体。吸入人体内的一氧化碳与血液里的血红蛋白结合，使血红蛋白丧失输氧功能，会导致人体缺氧。人吸入少量的一氧化碳就会感觉到头痛，吸入较多的一氧化碳，就可能因缺氧而窒息死亡。人在一氧化碳达到空气总体积的 0.02% 的空气中，持续 $2\sim3$ h 即出现中毒症状。当发生一氧化碳中毒时，应立即打开门窗通风，并迅速将中毒者移至空气新鲜处，严重者应立即送医院救治。

一氧化碳具有还原性，可用于冶金工业，如可以用一氧化碳的还原性来炼铁。

蛋白质是构成细胞的基本物质，是组成人体的主要固态成分，是生命活动的基础，是机体生长及修补受损组织的主要原料。动物肌肉、皮肤、毛发、蹄、角及蛋清等的主要成分都是蛋白质，许多植物，如大豆、花生等的种子里含有丰富的蛋白质。

蛋白质分子结构复杂，种类繁多，人体内就有 10 万多种，属于有机高分子化合物，而且各具特异的生物学功能。蛋白质的组成元素有碳、氢、氧、氮，一些蛋白质中还含有硫、磷等元素，如血红蛋白中含有铁元素。蛋白质在人体内被消化分解为多种氨基酸，并被人体吸收利用。

除蛋白质外，营养素还有糖类、油脂、维生素、无机盐和水。生活中鉴别真丝与合成纤维的方法是：取样、灼烧、闻气味，产生烧焦羽毛气味的是真丝，产生刺激性气味的是合成纤维。

（二）从二氧化碳到人工合成淀粉

当前，淀粉主要由绿色植物通过光合作用生成。然而，这一过程需要数月的农作物种植周期，并占用大量的土地，消耗大量淡水和肥料等资源。因此，人工合成淀粉一直是科研领域的重要目标。经过 6 年的深入研究，中国科学院天津工业生物技术研究所的团队取得了重大突破，首次成功实现了"从二氧化碳到淀粉的人工合成"。这一成果在 2022 年 4 月 26 日被授予天津市科学技术奖自然科学特等奖。

其实，将二氧化碳转化为淀粉并非新鲜事，因为农作物本身就能通过光合作用将二氧化碳和水转化为淀粉。然而，这一自然过程涉及近 60 个反应步骤，耗时较长，且严重依赖土地和淡水资源。中国科学院天津工业生物技术研究所的研究团队在深入研究农作物合成淀粉的基础上，创新地设计了一条仅有 11 个反应步骤的人工合成淀粉新途径。在实验室中，他们仅用 4 小时，就成功地从二氧化碳和氢气中合成了完整的淀粉分子。这一突破使得不依赖土地和淡水的淀粉生产成为可能。

如果未来这一人工合成过程的总成本能够降低到与农业种植相当的水平，那么将有可能大大节约耕地和淡水资源，同时避免农药和化肥对环境的负面影响，从而提高全球粮食安全水平，促进碳中和的生物经济发展。然而，在实现这一愿景之前，"人工合成淀粉"仍然需要不同科学领域的联合，以解决应用过程中的关键技术瓶颈。

图 1-14 人工合成淀粉，从 0 到 1 再到 100

实现从二氧化碳到淀粉的人工合成，需要解决粮食淀粉的工业化生产和工业生物技术的结合问题。利用这种新型的生物合成路径，有望颠覆传统的耕种方式。从农业生产的角度来看，如果淀粉能够通过人工生物路径进行合成，那么将有利于保护环境并节省资源。

在确定了试验方法后，研发团队计划采用合成生物学的方法，创建新的生物体系以改变传统的生物合成模式。虽然从化学原理上看，从二氧化碳合成淀粉似乎可以通过简单的计算找到捷径，但在实际操作中遇到的困难远超人们的想象。这是因为有许多新的反应需要催化，而这些催化反应之间存在着复杂的调控关系。

为了克服化学和生物协同催化中的障碍，研发团队进行了大量的试验。他们测试了不同的酶元件，对多个酶蛋白进行了设计和改造，并进行了上百种不同的组合测试。最终，他们采用了一种类似"搭积木"的方式，通过化学催化剂和生物途径的优化，成功将传统光合作用的近 60 个代谢反应步骤缩短至 11 个步骤，合成速率也提高了 8.5 倍。

　　如果淀粉合成能够实现产业化，那么将对碳排放控制、可再生原料利用以及可持续发展等方面产生重要影响。目前，全球以淀粉为原料的产品数量大约为 30000 种。因此，"从二氧化碳到淀粉的人工合成"的工业路径不仅关乎长远的和全局的科技战略制高点，而且对未来工业生产和经济发展具有重要的意义。

　　站在这一创新成果的基础上，科研团队进一步探索了利用二氧化碳创造更多有用物质的潜力。他们成功地利用二氧化碳合成了葡萄糖、阿洛酮糖、塔格糖和甘露糖 4 种己糖。科研团队从碳素缩合、异构、脱磷等酶促反应入手，通过人工方式改造自然来源酶催化剂的催化特性，实现了这一研究中最为关键的创新。在人工改造过的酶等催化剂的催化作用下，仅用约 17 小时就高效而精准地获得了目标产品。与传统的农作物种植相比，这一过程将所需时间从"年"缩短到了"小时"的级别。

　　携手科技与青春，我们才能更好地铸就未来。在绿色发展的征途上，我们昂首挺胸，迎接挑战，以创新的火种，点燃时代的光芒；以青春的热情，续写绿色的篇章。朋友们，我们的青春，是未来的动力；我们的绿色行动，是地球的希望；我们的共同目标，是世界的梦想。让我们共同谱写这一曲壮丽的时代交响乐吧！

核心知识链接

　　二氧化碳是由碳元素和氧元素组成的非金属氧化物，由二氧化碳分子构成。二氧化碳在空气中的体积分数约为 0.03％，它有两种主要形态：(1)液态二氧化碳，常用于灭火器；(2)干冰、固态的二

氧化碳,常用于人工降雨。

　　淀粉是面粉、大米、玉米等粮食的主要成分,同时也是重要的工业原料。淀粉属于糖类,与纤维素一样,都属于有机高分子化合物。它所蕴含的化学能来自太阳能在植物细胞中的化学转化。

$$6CO_2 + 6H_2O \xrightarrow[\text{叶绿素}]{\text{光照}} C_6H_{12}O_6 + 6O_2$$

$$(C_6H_{10}O_5)_n + nH_2O \xrightarrow{\text{酶}} n\,C_6H_{12}O_6$$

　　淀粉遇碘变蓝是淀粉的特性,利用这一性质可以用来检验淀粉。

　　棉花属于天然纤维,鉴别棉花与合成纤维的方法是取样、灼烧、闻气味。如果产生类似烧纸的气味,那么是棉花;如果产生刺激性气味,则是合成纤维。

魅力化学之
实践篇 2

　　"纸上得来终觉浅，绝知此事要躬行。"行而不辍，不断创新。随着社会的不断进步和科技的日新月异，教育已经超越了传统的课堂教学和单一的学科知识范畴。在化学学习中，加强与其他学科的合作和交流，对于促进跨学科学习和知识整合至关重要。因此，要强化课程的综合性和实践性，需要注重实践活动基地的利用，开展有特色的化学主题实践。在真实的社会情境中，与奇石进行对话、向科研人员请教、亲身体验自来水中余氯的刺激等，都能使思维在实践中得到升华。全面发展的青少年通过综合运用化学和其他学科的知识，能够更好地分析和解决实际问题，从而更好地适应复杂多变的社会环境。

一、走进地质博物馆：我是一颗小小的石头

地壳由沙、黏土、岩石等组成，其中含量最多的是氧元素，其次是硅、铝、铁、钙等元素。

矿物是地质学中的基本概念，它指的是由地质作用在地壳中形成的天然化合物和单质。这些矿物拥有固定的化学成分、规则的原子排列以及独特的性质，它们是构成岩石和矿石的基本单元。虽然大部分矿物是固态的，但也有极少数矿物是液态的，例如自然汞。

为了更直观地帮助大家理解矿物的形成，我们来到山西省临汾市的二一三奇石博物馆。在这里，大家可以亲近大自然，感受大自然的神奇和美丽，同时也能提升大家保护大自然的意识。通过近距离观察各种形态奇特的石头，大家能更深入地了解矿物的特点及其形成过程。

（一）紫水晶

在博物馆中，我们注意到一种高贵美丽的矿物——紫水晶。它是石英族矿物的一种，主要由二氧化硅构成，并因含有微量的铁元素而呈现出迷人的紫色。这种美丽的矿物无疑会激发大家对二氧化硅的浓厚兴趣。

二氧化硅属于网状结构，在

图 2-1　紫水晶

工业上,它是制造多种材料的重要原料,包括玻璃(通过二氧化硅与纯碱、石灰石等在高温下熔融后快速冷却可制成)、水玻璃、石英玻璃(仅含二氧化硅单一成分的特种玻璃)、光导纤维(具有通信容量大、抗干扰性能好、传输信号不易衰减等特点,通信效率高)、光学仪器和耐火材料。

在食品生产中,二氧化硅作为抗结剂使用,主要是因为它具有较大的比表面积和多孔结构,能够吸附大量水分。当水分过多时,二氧化硅表面吸附的水分会形成保护膜,阻止毛细作用并减少颗粒间的接触,从而降低结块的可能性。此外,作为食品添加剂的二氧化硅是人工合成的,无毒无味,对人体无害,食用后可随粪便排出。在化妆品行业中,二氧化硅被用作滋润油,其优良的紫外线稳定性为防晒化妆品的改良奠定了基础。而在橡胶行业中,添加二氧化硅可以增强橡胶的耐磨性。

认识了二氧化硅,我们来深入探讨一下芯片的制造过程——"点沙成芯"。所谓芯片,其英文全称为 integrated circuit,我们常用简称 IC 来称呼它,它实际上是指集成电路中的半导体元件。这个小小的芯片,就像是我们手机和计算机等电子设备的动力源泉,其重要性就如同人类的大脑一般。令人惊讶的是,尽管芯片只有指甲片般大小,却包含了数千米的导线和几千万甚至上亿根晶体管。

芯片的制作起始于储量丰富且成本低廉的二氧化硅原料,而芯片的制作过程包括构建"基础"硅晶圆、光刻、掺杂以及封装测试等复杂的步骤。

首先,通过向沙子中添加碳,在高温环境下,生成纯度高达99.99%的硅。其次,经过熔化和拉伸,硅被塑造为铅笔状的硅锭。最后,使用钻石刀将硅锭切割成圆片,再经过抛光,便形成了可作为芯片基础的晶圆。晶圆的直径有 8 in(1 in＝25.4 mm)和 12 in

两种常见规格,直径越大,虽然单个芯片的成本越低,但加工的难度也随之增加。

在光刻环节,晶圆表面涂覆一层光刻胶并在干燥后被送入光刻机。在这里,掩模将图案投射到晶圆表面的光刻胶上,实现曝光,并触发化学发光反应。随后,经过二次烘烤和显影剂处理,曝光的图案得以显现。整个过程都需在无菌环境中进行,以确保产品的质量。

在完成蚀刻后,清除全部光刻胶,裸露出凹槽。接着进入掺杂环节,通过注入硼或磷离子,赋予硅晶体管电学特性。然后填充铜以便与其他晶体管互连。之后,可以涂上一层胶并制作更多结构层。一个芯片通常包含几十层结构。最后,使用精细切割器将芯片从晶圆上切割下来,焊接到基片上并进行封装。这就是芯片制作的神奇之旅,从沙子到高科技产品。二氧化硅作为一种复杂而丰富的材料,仍有许多待探索的领域。相信随着研究的深入,二氧化硅将在更多领域得到广泛应用,为人们的生活带来更多便利和贡献。

核 心 知 识 链 接

二氧化硅(化学式是 SiO_2)是一种酸性氧化物,它不容易与水和大部分酸反应,但能够溶于氢氟酸和热浓磷酸,也可与熔融碱类发生反应。二氧化硅分布广泛,在岩石、土壤、沙子中都含有其氧化物和硅酸盐。由于其结构稳定,二氧化硅具有优异的耐火性、绝缘性和耐腐蚀性,因此在实际生产中得到了广泛应用。

高纯硅制备原理:

$$SiO_2 + 2C \xrightarrow{1800\ ℃ \sim 2000\ ℃} Si + 2CO\uparrow$$

$$Si + 3HCl \xrightarrow{300\ ℃} SiHCl_3 + H_2$$

$$SiHCl_3 + H_2 \xrightarrow{1100\ ℃} Si + 3HCl$$

玻璃制备：

$$SiO_2 + CaCO_3 \xrightarrow{高温} CaSiO_3 + CO_2 \uparrow$$

$$SiO_2 + Na_2CO_3 \xrightarrow{高温} Na_2SiO_3 + CO_2 \uparrow$$

（二）萤　石

大家知道吗？萤石还有一个名字叫氟石。它的化学式是CaF_2，它的特点就是质地脆软。萤石在工业领域发挥着重要作用！它不仅是氟元素的主要来源，还能用于提取各种氟的化合物。此处，在制作玻璃时，萤石可以作为助溶剂和遮光剂；在生产水泥时，它有助于降低炉料烧结的温度；在制作瓷釉时，它还能起到助色和助熔的作用。

图 2-2　萤石

　　纯净的萤石原本是无色的,但当其晶体结构中融入铁、镁、铜等元素后,就会呈现出绿、黄等多种颜色。这些结晶形态优雅的萤石,常常受到收藏家或雕刻师们的青睐,被视为珍宝。大家在电视上看到的"夜明珠",实际上很多就是由萤石制成的。萤石能发光的特性,是因为当高能量的短波光线照射时,它会发出蓝绿色的荧光。

　　关于萤石的来源,它最早是在武义被发现的。而"萤石"这个名称的由来,确实与萤火虫有关。在我国古代的文献中,就有关于一种形状像猪、夜里能发出烛光般光亮的动物的记载。成语"随珠弹雀"和"随珠和璧"虽与珠宝有关,但并非特指萤石。

　　在古印度,人们发现一座小山上有一种奇怪的现象——眼镜蛇特别多,且都聚集在一块被称为"蛇眼石"的石头周围。原来,这块蛇眼石就是会发光的萤石。到了晚上,萤石发出的光亮吸引了许多飞虫,这些飞虫又引来了大量的青蛙,而青蛙恰恰是眼镜蛇的美食。

　　氟,被一些人称为"死亡元素"! 主要因为其发现和研究历程中充满艰难和危险。在研究氟的过程中,许多科学家献出了自己宝贵的生命。氟气作为单质是有剧毒的物质,它的性质非常活泼,很容易发生爆炸。然而,由于氟原子有着最大的电负性和除氢之外最小的原子半径,当科学家将其引入有机化合物中时,赋予了这些化合物不一样的稳定性,并带来了独特的物理性质和化学性质。这个独特的元素极大地改变了我们的生活。从航天器特种橡胶到同位素分离,从特种润滑油到陀螺仪悬浮液,从含氟药物到人造代血浆,氟素的应用领域极为广泛。它不仅用于高科技领域,也早已融入我们的日常生活,从不粘锅涂层到空调制冷剂,再到含氟牙膏预防龋齿,氟素无处不在。

核心知识链接

氟化钙属于盐类。氟的化合物氟化氢被人体吸入，会立即对肺部和软组织造成严重损害。氟化氢的水溶液就是氢氟酸，如果不慎沾到皮肤上，会迅速渗透并侵入骨髓，导致肌肉麻痹甚至心脏停搏。此处，氢氟酸还因其强大的腐蚀性而常被用于雕刻玻璃。

$$SiO_2 + 4HF \longrightarrow SiF_4 + 2H_2O$$

（三）石墨和金刚石

石墨最早在 1789 年由德国矿物学家命名。石墨的主要成分是碳，通常产于变质岩中，是煤或碳质岩石在特定条件下形成的。天然石墨的颜色多数是钢灰色或黑色，其形状以鳞片状和土状集合体为主，部分为块状。然而，纯净的石墨呈深灰色，具有金属光泽但不透明，其外观类似于细鳞片。石墨的一个显著特性是柔软且具有滑腻感，这一特性使其成为铅笔芯的主要成分。此外，石墨还具有良好的导电性，常被用于制造电极。

图 2-3　石墨和金刚石

近年来,石墨烯作为一种新兴材料受到了广泛关注。2004 年,曼彻斯特大学的物理学家安德烈·海姆和康斯坦丁·诺沃肖洛夫首次发现了石墨烯。这一发现使他们荣获了 2010 年的诺贝尔物理学奖。目前,我国已经实现了以天然石墨为原料,通过氧化还原法制备石墨烯粉体的工业化量产。石墨烯在防腐涂料、导热膜等领域展现出良好的应用效果。由于石墨烯在光学、电学、力学等方面具有优异的性能,其在材料学、微纳加工、能源、生物医学和药物传递等领域具有广阔的应用前景,并被视为革命性的成果。

金刚石,作为钻石的原石,是由碳元素组成的自然元素矿物,被誉为自然界中最坚硬的矿石。我国的历史文献也有所记载,描述其为"金刚,石也,其状如珠,坚利无匹"。古人因其无法摧毁的坚硬特性而视其为珍宝。金刚石是在地球深部高温、高压条件下形成的。纯净的金刚石无色透明,具有正八面体的结构。然而,天然的金刚石经过人工精心打磨,可以变为璀璨闪耀的钻石。此外,金刚石还有许多其他的用途,比如切割玻璃、大理石以及加工坚硬的金属,甚至可以被安装在钻探机的钻头上,用来钻凿坚硬的岩石。随着航空航天技术的不断发展,对高性能材料的需求也在不断增加,金刚石作为一种具有优异性能的材料,因技术的不断进步和成本的逐步降低,其在航空航天领域的应用前景广阔。无论是物理性能还是化学性能的应用,金刚石都能发挥其独特的优势,提高航空航天设备的性能和耐用性。值得一提的是,在钻石的形成过程中,氮原子取代了某些碳原子,使其开始吸收蓝紫色光线,从而呈现出金黄色的外观。随着科技的进步,人造金刚石的技术越来越成熟,其应用领域也变得更加广泛。

核心知识链接

碳是人类最早发现并利用的元素之一。焦炭常用于炼铁,木炭用于烧烤,活性炭用于吸附,炭黑则用于墨汁。除此之外,煤、石油、天然气这三大化学燃料是碳元素在自然界中的存在形式。

金刚石具有立体网状结构,而石墨则是片层状结构。碳原子排列方式的不同导致了它们物理性质的显著差异。

（四）方解石

方解石是一种独特的矿物,它不会附着在其他石头上生长。然而,当它受到外力敲击时,很容易破碎并分解成许多菱形的小块。这也是它被称为方解石的原因。

地球表面的石灰岩、白云岩和大理岩等岩石中,方解石是它们的主要成分。在溶洞中,我们经常可以看到形态各异的钟乳石、石笋、石柱、石幔、石盆和石花等,这些都是由方解石经过长时间沉淀形成的。

方解石的颜色会因其中含有的杂质不同而有所变化,大多数情况下是无色或白色的。方解石的颜色因其所含的致色元素不同而有所变化。当铁元素含量较高时,方解石呈现浅黄色

图 2-4　方解石

或褐黑色;而当锰元素含量较高时,则呈现出粉红色;若含有钴元素,则呈现出浅紫色。在岩浆和热液内生作用过程中,方解石也是一种常见的矿物。方解石的主要成分是碳酸钙,这与我们日常生活中用于补钙的钙片的主要成分是一样的。碳酸钙按照一定的晶体结构规律排列,形成了我们所称的方解石。方解石还可以与其他矿物结合,形成石灰岩或白云岩等岩石。

由于方解石内部质点的排列方式不同,其单个晶体和集合体的形态也多种多样。常见的形态包括片状、双锥状、菱面体状、多孔状以及致密块状等,其晶形和集合体形态多达近千种。

方解石作为碳酸盐类的基本造岩矿物,其用途非常广泛。可以说,方解石的用途与石灰岩、白云岩相当。例如,天然优质的方解石经过粉碎研磨后可以生成重钙细粉,这种细粉可以作为涂料、塑料、电缆、玻璃等产品的填充料。

核 心 知 识 链 接

$$CaCO_3 \xrightarrow{\text{高温}} CaO + CO_2 \uparrow$$
$$CaCO_3 + 2HCl = CaCl_2 + H_2O + CO_2 \uparrow$$

(五)菱镁矿

菱镁矿是一种在地壳中常见的镁的碳酸盐矿物,其主要成分是碳酸镁。通常,菱镁矿呈现白色,但在其表面被氧化后,颜色会变深,呈现灰色。

中国的辽宁地区出产菱镁矿,这种矿物具有广泛的用途,包括作为耐火材料、建材原料、化工原料以及提炼金属镁和镁化合物等。菱镁矿是在低氧、低温的条件下,由碎屑沉积岩和生物的有机组成部分经过物理和化学变化形成的。工业上,电解熔融氯化镁可制得镁。镁在制造轻金属合金、烟火、闪光粉等方面有重要应用,同时,镁粉还可以作为体操运动员的摩擦剂。镁也是航空工业的重要原料。镁在空气中燃烧时会发出耀眼的白光,并放出

图2-5 菱镁矿

大量的热,生成白色的氧化镁。镁还可以与稀盐酸、稀硫酸发生化学反应,并能在二氧化碳中燃烧。

核心知识链接

$$MgCO_3 \xrightarrow{\text{高温}} MgO + CO_2 \uparrow$$

$$MgCO_3 + 2HCl == MgCl_2 + H_2O + CO_2 \uparrow$$

$$MgCl_2 \xrightarrow{\text{通电}} Mg + Cl_2 \uparrow$$

$$2Mg + O_2 \xrightarrow{\text{点燃}} 2MgO \quad 2Mg + CO_2 \xrightarrow{\text{点燃}} 2MgO + C$$

$$Mg + H_2SO_4 == MgSO_4 + H_2 \uparrow \quad Mg + 2HCl == MgCl_2 + H_2 \uparrow$$

（六）黄铁矿

历史上有一个有趣的故事,在17世纪初,约翰·史密斯船长带回伦敦的一船石头被认为含有大量黄金颗粒,然而,经过伦敦方

面的检测,这些被寄予厚望的"黄金"石头其实只是毫无价值的"愚人金"。

其实,"愚人金"并不是真正的黄金,而是黄铁矿,一种主要成分为二硫化亚铁的矿物。黄铁矿呈现出浅黄铜色,表面常具有黄褐色,并具有金属光泽。这种矿物是自然界中常见的金属矿物,也是地壳中分布最广的硫化物之一。由于其闪亮的金色外观,很容易被误认为是黄金,这也是它被称为"愚人金"的原因。

图 2-6 黄铁矿

在某些旅游景点,有些商家为了达到营销的目的,将黄铁矿冠以"黄金石"的名义进行销售。黄铁矿和真正的黄金之间存在明显的区别,我们可以用两种简单的方法来区分。

第一种方法是在白瓷板上划痕。如果是金矿,划痕会是金黄色,而黄铁矿的划痕则是绿黑色。第二种方法是通过手感来辨别,黄金手感较重,黄铁矿相对较轻。当然,更准确的鉴定还需要专业机构的帮助。

虽然黄铁矿的名字中有"铁",但实际上它并不是用来炼铁的主要矿物。黄铁矿也被称为硫铁矿,是我国主要的硫源,主要用于制造硫酸和提炼硫黄。作为最常见的硫化物矿物,它在化工、医药、颜料等工业领域都有广泛应用。此外,发育完好的黄铁矿晶体呈立方体形态,常被用于制作饰品或工艺品。

我们应该明白,"愚人金"并不是真正的黄金,而黄铁矿也不是用来炼铁的。

其实,黄铁矿在生活中具有双重性质!一方面,它对人体有许多益处。首先,黄铁矿能增强免疫力,有效调节人体免疫系统,帮助我们抵抗疾病。其次,它对心血管系统有保护作用,能促进血液循环,预防心脑血管疾病。再次,黄铁矿还能缓解疲劳,吸收人体电磁辐射,提高睡眠质量。它还能防辐射,保护我们免受电磁辐射的伤害。最后,它还有美容养颜的功效,能促进人体新陈代谢,使肌肤更加光滑细腻。另一方面,黄铁矿也有其不利之处。首先,由于其硬度较低,佩戴时应避免与硬物碰撞,以防划伤磨损。同时,由于其质地较硬,应避免与其他首饰一同佩戴,以防相互擦伤。其次,黄铁矿具有一定的吸热性,长时间暴露于阳光下可能会损坏其结构。因此,收藏或佩戴时应避免长时间阳光直射。再次,强酸、强碱等物质会腐蚀黄铁矿,生活中和工业开采中都应避免接触这些物质。最后,如果决定佩戴黄铁矿,请先进行过敏测试,因为有些人可能会对其过敏。

黄铁矿的形成原因多种多样,山西省的黄铁矿主要是由化学沉积作用形成的。奥陶纪末期,由于地壳的隆起,含铁的岩石在自然力量的作用下被破碎并分解。这些岩石中的易溶成分,如钾、钠等,在遭受风化作用时被溶解并带走,而铁等不易溶的成分则被留在了原地或在其附近聚集。这为矿产的形成提供了物质基础。到晚石炭纪时期,气候温暖潮湿,地壳下降,海水侵入,再后来地壳上升,海水退出。这一过程使得山西省成为湿热沼泽地区。在这样的环境中,由于细菌等微生物的作用,含铁沉积物中的铁和有机质中产生的硫开始结合,形成了二硫化亚铁。再经过脱水作用后,形成了颗粒状的黄铁矿。

在岩石形成后期,这些矿物颗粒受到上覆沉积物的挤压,其结构发生了改变,变得紧密排列并固结成岩,最终形成了黄铁矿石。

核心知识链接

$$4FeS_2 + 11O_2 \xrightarrow{\text{点燃}} 2Fe_2O_3 + 8SO_2$$

$$2SO_2 + O_2 \xrightarrow{400\ ℃ \sim 500\ ℃} 2SO_3$$

$$SO_3 + H_2O === H_2SO_4$$

(七)钟乳石

溶洞的形态和色彩千变万化,是大自然的杰作。大家知道这些神奇的溶洞是如何形成的吗?溶洞内有各种形状的钟乳石、石柱和石笋,大家是否好奇它们的成分呢?

溶洞其实是可溶性岩石在喀斯特作用下形成的地下空间。石灰岩地区的地下水经过长时间溶蚀,形成了这些奇特的景观。石灰岩的主要成分是碳酸钙($CaCO_3$),难溶于水。但当它与水和二氧化碳反应时,会变成碳酸氢钙[$Ca(HCO_3)_2$],易溶于水。

在自然界中,含有二氧化碳的地下水和雨水长期侵蚀石灰岩,逐渐形成了溶洞。地下水在钟乳石和石笋的形成过程中起到了关键的作用。碳酸氢钙在零度以下相对稳定,但在常温下易分解。当溶有碳酸氢钙的水从溶洞顶部滴落到洞底时,由于水分蒸发、压强减少以及温度变化,溶解在水中的碳酸氢钙会分解生成碳酸钙、水和二氧化碳。当难溶于水的碳酸钙逐渐沉积时,就会在溶洞顶部形成下垂的钟乳石。当碳酸钙滴落到溶洞底部并向上堆积时,就会形成石笋。当钟乳石和石笋连接在一起时,就会形成奇特的石柱。

中国是全球著名的岩溶大国之一,拥有许多知名溶洞,如桂林溶洞、北京石花洞、湖南梅山龙宫、湖北腾龙洞和贵州双河溶洞等。其中,贵州双河溶洞在 2018 年被探测出长度为 238.48 km,成为亚洲第一、世界第六长的溶洞。

溶洞的形成对科学研究具有重大价值。在战争时期,溶洞曾为军民提供了重要的庇护所,其冬暖夏凉的特点也使其成为科研主

图 2-7 钟乳石

机的散热空间。溶洞是大自然的杰作,它的形成需要漫长的时间,因此我们应该倍加珍惜和保护这些珍贵的自然遗产。

核心知识链接

$$CaCO_3 + H_2O + CO_2 = Ca(HCO_3)_2$$
$$Ca(HCO_3)_2 \xrightarrow{\triangle} CaCO_3 \downarrow + H_2O + CO_2 \uparrow$$

（八）孔雀石

　　孔雀石被誉为石中美人，是一种含有铜元素的碳酸盐矿物，它的绿色主要来源于铜元素。它的光泽并不像许多宝石那样璀璨夺目，却散发出一种神秘且高贵的气质。它的颜色和名字相得益彰，那绚丽的绿色宛如孔雀的羽毛一般，而某些集合体上呈现的同心圆结构更是与孔雀羽毛上的斑点极为相似。在博物馆的玻璃钟罩中，孔雀石更显高贵典雅。

图 2-8　孔雀石

　　早在 4000 多年前,古埃及人就在苏伊士和西奈之间开采了铜矿山,并发现了孔雀石的存在。他们将其尊称为神石,对其充满敬畏。在德国,人们也常常佩戴孔雀石作为护身符,认为它具有保护和庇佑的作用。马达加斯加则因其神秘高贵的气质和美好的寓意,将其定为国石。在中国,孔雀石被视为一种古老的玉石,并被制作成各种精美的首饰。早在公元前 13 世纪殷商时期的墓葬中就已经出现了孔雀石发簪等工艺品。

　　美丽的孔雀石是大自然赋予人类的珍贵礼物,其千姿百态的形状、浓艳欲滴的色彩以及浑然天成的纹路相互映衬,给人带来无限的遐想。尽管孔雀石被称作"石",但其质地并不像人们想象中那么坚硬。实际上,它的硬度甚至不如玻璃,并且不耐酸的腐蚀。因此,如果将它作为宝石来佩戴,需要特别小心呵护。在制作首饰时,孔雀石通常被加工成串珠和胸针,而且,为了减少孔雀石与皮肤和衣服之间的摩擦,人们经常将其镶嵌在其他耐磨宝石或金属之上。除了用于制作饰品外,孔雀石还被用作建筑装饰材料。例如,著名的圣彼得堡圣伊萨克大教堂的圆柱上就镶嵌有孔雀石,与教堂的金碧辉煌的装饰风格相得益彰。

　　孔雀石是一种深受矿物晶体藏家喜爱的含铜碳酸盐矿物。其单体块度越大,价值越高。这种矿物以其独特的姿态和天人合一的自然之美而受到赞赏。孔雀石的单晶体通常呈细长的针状或柱状,而集合体则呈现葡萄状、钟乳状、放射状、结核状或同心环带状。

　　我国的孔雀石主要产于广东阳春和湖北大冶等地。广东阳春的孔雀石形态多样,奇妙至极。湖北大冶的孔雀石多为铁铜氧化形成,质地致密,色泽浓艳,独具特色。在中国地质博物馆的展厅内,有多件精美的孔雀石标本展示,这些标本均出自广东阳春。

从矿物学的角度来看,孔雀石的形成是因为在石灰岩发育的地区存在能与其发生化学反应的硫酸铜溶液。硫酸铜溶液的形成需要地表硫化物的氧化破坏和流动的地下水。当铜矿氧化层处在地下密闭、干燥、二氧化碳充足的环境时,孔雀石会转变为蓝铜矿。然而,当以上生成环境不具备时,蓝铜矿会转变为孔雀石。这种可逆互生的关系在自然界是十分罕见的。因此,孔雀石常与蓝铜矿、自然铜等含铜矿物共生。并且因其形成深度较浅,易于发现,经常作为寻找原生铜矿床的标志。

在古代文献中,如宋代范成大的《桂海虞衡志》和明代李时珍的《本草纲目》中,都有关于孔雀石与铜之间密切关系的记载。早在大约5000年前,中国人就学会了用孔雀石冶炼金属铜。冶炼时,在熔炉中将孔雀石和木炭混合加热,让木炭在炉内燃烧,同时用吹管向炉内送风,产生高温,将矿石熔化,在此过程中,产生的一氧化碳作为还原剂用于冶炼铜。

孔雀石在历史上的地位不容忽视,它曾是重要的矿物颜料"石绿"的来源。经过一系列工艺处理,如粉碎、研磨、漂洗和提纯,孔雀石被制成色泽艳丽、性质稳定的绘画颜料。这种颜料可以使画作保存千年而不褪色。例如,北宋天才画家王希孟的杰作《千里江山图》中,就大量使用了由孔雀石和蓝铜矿制成的"石绿"和"石青"颜料。这幅近12米长的画卷展现了中国山水的青春意象。然而,天然矿物颜料的原材料昂贵,制作工艺烦琐,因此在古代,只有皇室和贵族才能享用。随着19世纪人工合成技术的发展,这些天然颜料逐渐被造价更为低廉的人工合成绿色颜料所取代。如今,形成美丽晶体的孔雀石或集合体非常难得。虽然孔雀石早已不再作为炼铜的原料,但由于大量铜矿资源被开发利用,许多孔雀石原矿遭到了剥蚀和破坏。作为观赏石和宝玉石原料的孔雀石十分有限,这使得自然资源的珍贵性愈发凸显。为了保障人与自然的和谐共生和永续发展,我们必须珍惜并合理利用大自然的馈赠,同时有序开发自然界的各种资源。

核心知识链接

$$Cu_2(OH)_2CO_3 \xrightarrow{\triangle} 2CuO + H_2O + CO_2 \uparrow$$

$$Cu_2(OH)_2CO_3 + 4HCl = 2CuCl_2 + 3H_2O + CO_2 \uparrow$$

$$Cu_2(OH)_2CO_3 + 2H_2SO_4 = 2CuSO_4 + 3H_2O + CO_2 \uparrow$$

$$CuO + H_2SO_4 = CuSO_4 + H_2O$$

$$2CuO + C \xrightarrow{高温} 2Cu + CO_2 \uparrow$$

$$CuO + CO \xrightarrow{\triangle} Cu + CO_2$$

二、走进自来水厂:我是一滴水

地球表面约有 70% 是水,而海水占地球总水量的 97% 以上。海水中含有丰富的矿物质,无法直接作为淡水被利用。科学家正在探寻新方法与新技术,以提高海水的淡化效率与综合利用价值。

相对于丰富的海水资源,地球上的淡水资源一直处于紧缺状态。我国的人均水资源占有量仅为世界人均水平的四分之一,有超过一半的地区处于严重缺水状态。更为严峻的是,在有限的水资源中,还有不少水体遭受了不同程度的污染。运用化学方法,不仅可以检测水资源受污染的程度,还可以净化被污染的水体,实现水资源的重新利用。

保护水资源是全人类的责任。每一位社会公民都应该树立保护水资源的意识，养成节约用水、合理用水的良好习惯。我们要牢固树立绿水青山就是金山银山的理念，统筹水资源、水环境、水生态治理，以促进人类社会可持续发展。

自来水管道被喻为一个城市的血管，自来水管道中流动的自来水则是城市的血液。水是生命之源，水也是健康之本。

自来水是怎样生产出来的？

一座城市自来水生产的第一步是寻找水源；第二步是在沉降池中加入混凝剂进行混凝，混凝剂吸附水中悬浮的颗粒，形成较大颗粒而沉降；第三步是经砂滤池滤除水中的细小颗粒，之后进入储水塔，再用氯气或其他消毒剂（如高铁酸钠就是一种新型绿色消毒剂）杀死水中的细菌，而供给家庭饮用的水，则要在水中加入一定量的杀菌消毒剂。目前，有些地方的自来水厂引入纳滤系统制备纯水，将纯水与自来水混合降低水的硬度，使其达到国家标准。

水源的选择要因地制宜，往往要选择具备充足地下水的地区。地下水经过自然的层层过滤，更为清澈。絮凝剂一般用聚合铝盐，以形成胶状氢氧化铝，进行化学沉降。

自来水属于硬水，硬度高的水口感厚重，硬度过高的水喝起来有苦涩味，而硬度低的自来水，口感柔和。《生活饮用水卫生标准》（GB 5749—2022）要求自来水硬度小于 450 mg/L。硬水的形成包括以下两方面：一是碳酸盐硬度，又称为暂时硬度。主要是由于自来水中含钙、镁离子的碳酸氢盐和少量的碳酸盐所导致。这种硬度的水通过加热使钙、镁离子沉淀下来，从而降低水的硬度。生活中可以用煮沸的方法降低水的硬度，实验室中则用蒸馏的方法降低水的硬度。二是非碳酸盐硬度，又称为永久硬度。该硬度的形成主要是由于自来水中含钙离子或镁离子的硫酸盐、氯化物、硝酸盐等盐类所导致。对于加热后不能沉淀下来的那部分钙离子或镁离子，可以通过加入碳酸钠溶液，生成难溶性的碳酸钙和氢氧化镁，从而降低水的硬度。

自来水厂可以用勾兑的方法降低水的硬度，即向硬度较高的水中加入纯水进行稀释，从而降低水的硬度。

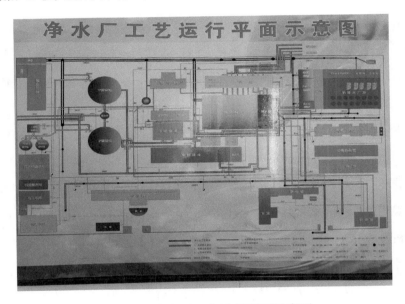

图 2-9　净水厂工艺运行平面示意图

水垢，俗称"水锈、水碱"，是指硬水煮沸后所含矿物质附着在容器（如锅、壶等）内壁逐渐形成的白色块状或粉末状物质，其主要成分包括碳酸钙、氢氧化镁、碳酸镁、硫酸钙等。水垢的导热能力很差，如果锅炉内形成的水垢过厚，轻则导致锅炉导热效率降低，受热不均匀；重则引起锅炉爆管，造成锅炉事故。在水硬度比较大的地区，居民家中的烧水壶和蒸锅也容易形成水垢，既影响美观，又影响水的口感，所以要定期进行清除。

在日常生活中,简单易行的清除水垢的方法可以用食醋进行除垢。如烧水壶有了水垢,可将几勺食醋放入水中,烧开30分钟左右,水垢即除。若水垢无法清除干净,则其主要成分可能是硫酸钙,此时可以将苏打水倒在水壶里煮,水垢就可以除去了。还有一种方法就是柠檬水除垢,即把柠檬切片放入烧水壶(切片越薄越好,目的是让柠檬酸尽量释放出来),水烧开后将柠檬在水中浸泡5 min即可除去水垢。

溶解性总固体是水中全部溶解性固体的总量,包括溶于水的各种矿物质、盐和金属离子。溶解性总固体越低,水入口的感觉越轻盈柔软,味道更淡。溶解性总固体越高,口感就越重,饮用后容易产生口干的感觉。其国标为小于1000 mg/L。

自来水在处理过程中,为了避免在管道输送过程中微生物的污染,故而加入漂白粉进行消毒。既要达到良好的杀菌消毒效果,又要保持良好的口感,所以游离氯在自来水中保持一定的浓度。生活饮用水游离氯的国标为不低于0.05 mg/L。因此自来水具有特殊的氯臭味,生活中通过加热煮沸,可以更好地除去游离氯。

水体污染主要来自工业废水、农业用水和生活污水。工业污水主要是工业冷却水造成的。热电厂和其他很多不同的工厂从河流和海洋中抽水,用这些水带走发电和其他各种工业生产过程中产生的大量热量,之后这些水又被排放回原处。通常被排放回的水比原来的水温度高很多。水体的工业污染容易降低水中氧气的含量,影响水生生物的生存。工业废水中含有有毒的重铬酸根离子,常用绿矾处理才能达到排放标准。农业用水主要是化肥和农药的不合理使用,给水体带来了污染。生活污水主要引起水中磷含量的增加,进而引发"赤潮"或"水华"。水污染还包括有机化学毒物、重金属、病原体等造成的污染。

生活中,我们要节约用水,一水多用,如可以用淘米水浇花,用洗衣服水冲马桶等。洗澡前,将水管中的凉水用水盆接起来备用,洗澡时,打沐浴露要关掉水龙头。不使用含磷洗涤剂,生活污水不随意倾倒。在农业生产中,用喷灌和滴灌来替代漫灌可以节约用水,同时要适时、适量使用化肥。工业中用水要实现循环利用。

图 2-10　中国节水标志

核心知识链接

水的硬度最初是指水中钙、镁离子沉淀肥皂水溶液的能力。钙、镁离子的含量越高,水的硬度就越大。那么,在生活中我们如何鉴别硬水和软水呢? 可以用肥皂水来鉴别:取等量水样,加入等量的肥皂水,如果产生较多白色垢状物的,则为硬水;如果产生较多泡沫的,则是软水。

$$2H_2O \xrightarrow{\text{通电}} 2H_2\uparrow + O_2\uparrow$$

$$H_2O + CO_2 === H_2CO_3$$

$$H_2O + CaO === Ca(OH)_2$$

$$Ca(HCO_3)_2 \xrightarrow{\triangle} CaCO_3\downarrow + H_2O + CO_2\uparrow$$

$$Mg(HCO_3)_2 \xrightarrow{\triangle} Mg(OH)_2\downarrow + 2CO_2\uparrow$$

三、绿色低碳出行："探索世界 轻启未来"

骑氢能源公共自行车，乘坐氢能源公交车

在全球气候变暖和温室效应日益严重的背景下，化石燃料备受关注，而新兴的清洁能源则蓄势待发。氢气作为一种优质的清洁能源，在科学家的深入研究下逐渐受到重视。其优点在于热值高、来源广泛，更重要的是燃烧后只产生水，可以有效减少环境污染和二氧化碳的排放。因此，氢气被誉为"二十一世纪最理想的清洁能源"。

图 2-11　中国节能认证标志

什么是氢能源自行车？大家乘坐过氢能源公交车吗？氢能源自行车和公交车加一次氢能能跑多远？它们真的是零排放吗？……当氢能技术应用于城市自行车和公交车，一幅幅绿色出行的"氢城"画卷由此展开。

氢能源自行车和氢能源公交车都是以氢气作为燃料，其工作原理是通过氢气和氧气的化学反应产生电能，再由燃料电池系统

来驱动车辆。

图 2-12 氢能源公共自行车

为了积极响应国家政策,山西省临汾市曲沃县于 2023 年 10 月初投放了 100 辆氢能源公共自行车。这些自行车采用新材料、新技术和新工艺,氢储量达到 0.5 m³,续航 70 km,最高时速达到 23 km,人工换氢仅需 5 s。骑行氢能源自行车不仅可以方便人们的出行,也可以增强大家的生态环保意识。2023 年 11 月曲沃县首批氢能公交车投入使用。2024 年 1 月山西太原首条氢能公交车示范线开通,首批投运 6 辆氢能源公交车。单次加氢时间为 5～10 min,氢能源公交车续航里程高达 330～600 km。这两项举措真正实现了减碳零排放,智能且安全。

尽管氢能源具有诸多优点,但为何未能更早投入使用呢?原因之一是氢气太轻,即使在 15 MPa 的高压下装入高压钢瓶,其质量也仅占瓶身质量的 1%。而液态氢气的密度虽然远大于气态氢气,但需要在 -253 ℃ 的低温下才能保持液态,使得储氢技术成为科学家面临的难题。

图 2-13　氢能源市域列车

那么,科学家是如何解决这一难题的呢?实际上,他们正在研究各种储氢技术,如金属有机骨架、碳纳米管等材料,以期提高储氢密度并降低储存温度。同时,他们在探索更高效的氢气生产、运输和分配方式,以推动氢能源的广泛应用。

化学家很早就发现了一些可以"呼吸"的金属。它们能与氢气结合形成氢化物,并在特定条件下释放氢气。这一理论构成了储氢技术的核心。为了验证这一原理,1966年,美国化学家赖利和威斯沃尔共同研发出了铜镁储氢合金和镍镁合金。这些合金在特定温度和压力下能够吸收氢气,并在减压和加热时释放氢气,为安全、便捷地储存氢气提供了新的途径。

随着各种储氢合金的相继问世,德国奔驰公司于20世纪70年代成为首个利用储氢技术制造出氢燃料汽车的公司。这辆汽车仅需5 kg氢气便能行驶110 km,展现了氢能源的巨大潜力。

中国科技人员不甘落后,制造出了国内首艘氢燃料电池动力船"三峡氢舟1号",并于2023年10月11日成功完成首航。这一突破标志着氢燃料电池技术在内河船舶应用中取得了重大进展。

"三峡氢舟1号"采用钢铝复合结构,总长49.9 m,型宽10.4 m,型深3.2 m,乘客定额80人。它主要采用氢燃料电池动力系统,最高航速可达28 km/h,巡航航速为20 km/h,续航里程能达到200 km。交付后,它将被用于三峡库区及三峡—葛洲坝两坝间的交通巡查和应急工作。

核心知识链接

　　"双碳"目标是指碳达峰和碳中和的目标。碳达峰是指某个地区或行业年度二氧化碳排放量达到历史最高值后,经历平台期并进入持续下降的过程,是二氧化碳排放量由增转降的历史拐点,标志着碳排放与经济发展实现脱钩,达峰目标包括达峰年份和峰值。碳中和是指企业、团体或个人在一定时间内,通过植树造林、节能减排等形式,计算并抵消自身产生的温室气体排放总量,从而实现二氧化碳的"零排放"。2020年中央经济工作会议明确,我国二氧化碳排放力争于2030年前达到峰值,并力争于2060年前实现碳中和。

　　储氢合金是一类能够大量吸收氢气,并与氢气结合形成金属氢化物的材料。具有实用价值的储氢合金需要满足储氢量大的要求。金属氢化物易于形成,在稍微加热的情况下能迅速释放氢气,同时在室温下吸收和释放氢气的速率也要快。新型储氢合金的研究和开发将推动氢能源的实际应用。

　　氢气作为可燃性气体,在点燃前要检验其纯度。

$$2H_2 + O_2 \xrightarrow{\text{点燃}} 2H_2O$$

四、走进环境监测站：关注空气质量

空气是我们每天呼吸的"生命之气"。它透明无色无味，层层覆盖在地球表面，主要由氮气和氧气组成，对人类的生存和生产有着重要影响。空气是指地球大气中的气体混合物，主要由氮气、氧气、稀有气体（氦气、氖气、氩气、氪气、氙气、氡气）、二氧化碳以及其他物质（如水蒸气、杂质）组成。

在空气中，氮气的体积分数约为 78%，氧气的体积分数约为 21%，稀有气体（氦、氖、氩、氪、氙、氡）的体积分数约为 0.94%，二氧化碳的体积分数约为 0.03%，其他物质（如水蒸气、杂质等）的体积分数约为 0.03%。

（一）空气污染

空气污染，又称大气污染，按照国际标准化组织（ISO）的定义，指由于人类活动或自然过程导致某些物质进入大气中，达到足够的浓度和持续一定的时间，从而危害人类的舒适、健康、福利或环境的现象。

换句话说，只要某一种物质的量、性质及持续时间足够对人类或其他生物、财物产生影响，我们就可以将其称为空气污染物，而由其存在引起的现象即为空气污染。

（二）空气质量指数

随着现代科技的进步，人们现在每天可以很方便地通过手机查看空气质量报告。空气质量报告基于《环境空气质量标准》(GB 3095—2012)中规定的几种常见污染物例行监测的结果来评估城市的空气质量。报告主要包含空气质量指数（AQI）、空气质量级别以及各污染物的指数等信息。目前，我国采用的空气质量指数级别共分为六级，其中空气质量指数越小，对应的等级就越低，表示空气质量越好，对人体健康越有利。

空气指数	0～50	51～100	101～150	151～200	201～300	>300
空气质量等级	一级	二级	三级	四级	五级	六级
空气质量级别	优	良	轻度污染	中度污染	重度污染	严重污染
颜色标识	绿	黄	橙	红	紫	褐红

不同级别的空气质量，对人体健康的影响和户外活动的适宜性存在显著差异：等级为优的空气，基本无空气污染，空气质量令人满意，应开窗通风，鼓励多进行户外活动；等级为良的空气，人们一般可以接受，但某些污染物可能对极少数异常敏感人群的健康有轻微影响，应开窗通风，适宜进行户外活动；等级为轻度污染的空气，易感人群症状可能轻度加剧，健康人群可能出现刺激症状，可以开窗通风，但应减少长时间、高强度的户外活动；等级为中度污染的空气，尽量减少户外活动；等级为重度污染的空气，健康人群普遍出现症状，心脏病、肺病患者症状显著加剧，运动耐受力降

低,应关好门窗,不宜户外活动;等级为严重污染的空气,健康人群运动耐受力降低,可能出现强烈症状,并可能诱发某些疾病,应关好门窗,尽量避免外出,外出时需佩戴口罩。严重污染通常是由特殊原因造成的,如大自然的火山喷发、有毒化学物质的泄漏、森林火灾或人们在节日庆典中过度燃放烟花爆竹等,导致在较短时间内污染物难以消散,空气质量达到严重污染级别。

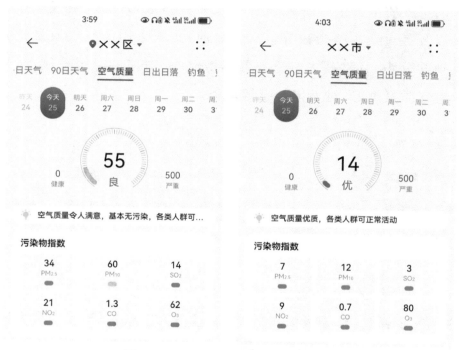

图 2-14　指数不同的空气质量报告

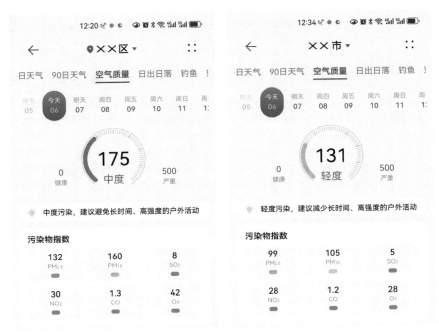

图 2-15　指数不同的空气质量报告

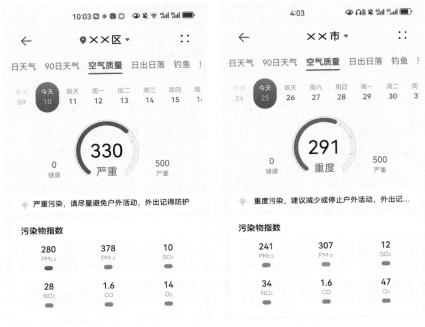

图 2-16　指数不同的空气质量报告

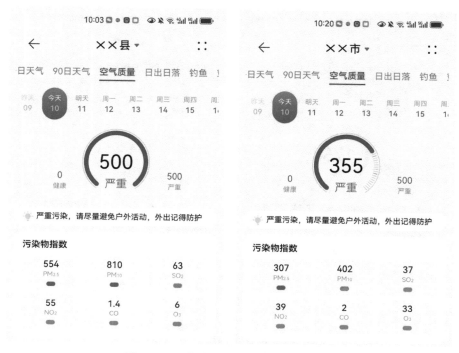

图 2-17　指数不同的空气质量报告

（三）空气质量报告

PM2.5 是直径等于或小于 2.5 μm 的颗粒物，又称为细颗粒物、可入肺颗粒物，其直径相当于人头发丝粗细的二十分之一，能较长时间悬浮于空气中。一般而言，PM2.5 主要来自化石燃料的燃烧，如机动车尾气、燃煤等，除此之外还有一些挥发性有机物，它的主成分包括含碳颗粒、硫酸盐、硝酸盐、铵盐等，悬浮中还可以吸附空气中存在的有机重金属，以及细菌、病毒、真菌等微生物。PM2.5 通过呼吸道进入肺泡，沉积在肺部。同时，PM2.5 有较强的吸附能力，是多种污染物的载体，它会干扰肺泡的气体交换，损伤肺泡黏膜，引起肺组织的纤维化，加重哮喘、慢性鼻咽炎、慢性咽炎和支气管炎，对儿童和老年人的危害更严重。PM10 是直径等于或小于 10 μm 的颗粒物,又称为粗颗粒物。少数 PM10 可以穿透进入呼吸系统的更深处,堵塞肺部毛细血管和肺泡,产生一些健康问题。高浓度的可吸入颗粒物易引发哮喘、支气管炎、肺气肿和心脏病等。

二氧化硫是一种无色的有刺激性气味的有毒气体,密度比空气大,易溶于水。在通常情况下,40 体积的二氧化硫可以溶解于 1 体积的水中,且与水反应形成不稳定的亚硫酸。亚硫酸经过氧化反应形成硫酸。二氧化硫在适当的温度下、在尘埃的催化条件下,与氧气发生化学反应生成三氧化硫,三氧化硫溶于水时发生剧烈的反应生成硫酸。二氧化硫的污染来源包括含硫燃料(如煤和石油)的燃烧,含硫化氢油气井作业中硫化氢的燃烧排放,含硫矿石(特别是含硫较多的有色金属矿石)的冶炼,以及化工、炼油和硫酸厂等的生产过程。

二氧化氮是一种红棕色、有刺激性气味的有毒气体,密度比空气大,易液化,易溶于水,与水反应生成一氧化氮和硝酸。二氧化氮主要来自燃料的燃烧、城市汽车尾气。此外,在闪电时,氮气和氧气在高压放电的条件下产生一氧化氮,而一氧化氮进一步氧化产生二氧化氮。

一氧化碳主要是含碳物质不完全燃烧产生的。化学工业和日常生活中燃料的不完全燃烧及汽车尾气会产生一氧化碳。

臭氧是氧气的同素异形体,它是一种有刺激性气味的淡蓝色气体,化学性质不稳定。闪电或者其他高能源释放能量时,每三个氧分子就会生成两个臭氧分子。排放的挥发性有机物和氮氧化物等前体物在太阳辐射下发生光化学反应,生成一氧化氮和氧原子,氧原子与氧气分子形成臭氧分子,从而就造成近地面臭氧浓度超标的现象。因此,臭氧浓度既与挥发性有机物、氮氧化物等前体物排放强度密切相关,也受到气温、辐射、湿度、风速等因素的影响。

高浓度的 PM2.5 会抑制臭氧污染,当 PM2.5 浓度下降时,臭氧污染则会逐渐加剧。但 PM2.5 和臭氧又是"同根同源",两者拥有共同的来源——氮氧化物和挥发性有机物。因此,只有强化协同控制,才能在降低 PM2.5 浓度的同时,降低臭氧污染。

臭氧是最强的氧化剂之一,是一种优良的污水净化剂和脱色剂,因此可利用臭氧的强氧化性及无污染的优点处理工业废水。臭氧还能消毒杀菌,用臭氧代替氯气作为饮用水的消毒剂,不但杀菌快,而且消毒后无异味。

微量的臭氧能刺激中枢神经、加速血液循环,而极微量的臭氧能使人产生爽快和振奋的感觉。但是,如果空气中的臭氧含量超过 $1 \ mg/m^3$,将对人体有害,对庄稼及其他暴露在大气中的物质(如橡胶和塑料)也有破坏性作用。

(四)酸　雨

雨水是大自然赐予地球的珍贵礼物之一,万物在雨水的滋润下生机勃勃,为地球增添了五彩斑斓的色彩。正常雨水因空气中的二氧化碳与水蒸气反应生成碳酸而呈酸性,但由于含硫燃料的不合理使用,雨水的酸性增强,形成酸雨。酸雨被称为"空中死神"。

酸雨是一种空气污染现象,特指 pH 小于 5.6 的雨雪或其他形式的降水。酸雨这一术语最早是由 1982 年英国化学家罗伯特·安格斯·史密斯提出的。他通过研究英格兰曼彻斯特附近雨水的成分,发现了雨水对该地区的土壤和植物所造成的影响。20 世纪 60 年代,瑞典土壤科学家思凡特·奥登研究了斯堪的纳维亚地区的自然环境所受的严重破坏,提出其罪魁祸首是欧洲其他地区工厂排放的废气所形成的酸雨。他公开控诉英格兰、德国和欧洲其他地区的国家在斯堪的纳维亚地区发动的这场"阴险的化学战争"。因此,他被誉为"酸雨之父"!

1982年6月的国际会议上正式将pH小于5.6的降水定为酸雨。20世纪90年代中期,长江以南的广大地区酸雨面积高达300多万平方公里,约占国土面积的30%,使我国成为继欧洲、北美之后的世界上第三个酸雨区。到2020年,《中国生态环境状况公报》显示,我国酸雨面积已经减少到约46.6万平方公里,约占国土面积的4.8%。酸雨主要是人为向大气中排放大量酸性物质,导致雨水被大气中存在的酸性气体污染所造成的。我国的酸雨主要是因大量燃烧含硫量高的煤形成的,多数为硫酸雨,少数为硝酸雨,此外,各种机动车排放的尾气也是形成酸雨的重要原因。近年来,我国一些地区已经成为酸雨多发区,酸雨污染的范围和程度已经引起人们的密切关注。

酸雨会危害土壤和植物,加速土壤矿物质营养元素的流失,改变土壤结构,导致土壤贫瘠化,影响植物正常发育;酸雨可以危害人类的健康,酸雨中的二氧化硫和二氧化氮会引起哮喘、干咳、头痛,以及眼睛、鼻子、喉咙的过敏。临床上,酸雨刺激人的眼角膜和呼吸道黏膜,易引发红眼病和支气管炎,还能诱发肺癌;酸雨还会腐蚀建筑物、机械设施和市政设施,使非金属建筑材料表面硬化水泥溶解,使其出现空洞和裂缝,导致其强度降低,从而损坏建筑物,造成建筑物的使用寿命下降,同时可能引发安全问题;酸雨污染河流、湖泊和地下水,直接或间接影响水生生物的生长和繁殖,甚至威胁其生存。

控制酸雨的方法有很多种。由于大气中的二氧化硫和氮氧化物是形成酸雨的主要原因,因此,减少二氧化硫和氮氧化物的排放量是防止酸雨形成的主要途径,主要措施包括调整能源结构,改进燃烧技术,如使用低硫煤、节约用煤,或采用烟道气脱硫脱氮技术,或型煤固硫(在型煤加工时加入固硫剂,如石灰石),以及开发并使用清洁能源;完善环境法规,加强监督管理;加强植树造林,扩大绿化面积;研究车辆尾气的净化催化剂等。

pH 是什么？ pH 可以用来表示酸碱性强弱的指标。其中,p 代表指数(power),H 是氢离子(hydrogen ion)的首字母,pH 即氢离子浓度的负对数值。pH 等于 7 为中性,小于 7 为酸性,大于 7 则为碱性。当用 pH 表示氢离子的浓度时,所说的 pH 等于 1,指的是 1 L 水溶液中含有 1×10^{-1} mol 的氢离子。"mol"是表示原子及分子数量的单位,1 mol＝6.02×10^{23} 个(阿伏伽德罗常数)。氢离子的浓度相差 10 倍,pH 就相差 1。

可以利用 pH 试纸和 pH 计算测定雨水的酸碱值。取一片试纸,放在洁净的玻璃板上,用玻璃棒蘸取雨水,滴在试纸上,与标准比色卡对比,读出数值即可。

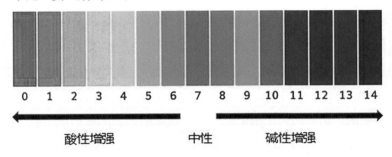

图 2-18　溶液 pH 大小与酸碱度的关系

防治空气污染是保护人类生存、保障社会可持续发展的重要举措。目前,我们正在采取多种措施防治空气污染,包括制定环保法规、建立空气质量监测系统;研制和开发新能源,如太阳能、氢能、风能和地热能等;利用化学方法等处理工业生产中的有害气体,例如使用石灰石浆吸收废气中的二氧化硫。此外,在汽车上安装尾气净化装置也是一项重要措施。目前,大多数汽车尾气系统中安装了催化转化器,该装置能将尾气中的有害气体转化为无害气体,如将一氧化碳和氮氧化合物转化为二氧化碳和氮气。这些措施的实施有助于改善空气质量,保护我们的环境和健康。

核心知识链接

工业上用分离液态空气的方法制备氧气,实验室则可采用加热高锰酸钾或氯酸钾与二氧化锰的混合物制备氧气,另外,用过氧化氢和二氧化锰混合也可以制取氧气。氧气具有助燃性,能使带火星的木条复燃。实验室中常用带火星的木条检验某种气体是否为氧气。

实验室里,通过大理石与稀盐酸反应来制备少量的二氧化碳。当二氧化碳与澄清石灰水接触时,会反应生成难溶于水的碳酸钙沉淀。实验室常用澄清石灰水检验某种气体是否为二氧化碳。

稀有气体因其化学性质稳定,常被用作保护气,此外,当稀有气体通电时,会发出不同颜色的光,这一特性使得它们可用于制备霓虹灯。其中,氦气由于密度小且化学性质稳定,常被用来替代氢气,用于制造探空气球。

在水溶液中,如果电离出的阳离子全部是氢离子,那么这种化合物就被称为酸。常见的酸有盐酸、硫酸、硝酸、碳酸、磷酸等。

$$2KMnO_4 \xrightarrow{\triangle} K_2MnO_4 + MnO_2 + O_2 \uparrow$$

$$2KClO_3 \xrightarrow[\triangle]{MnO_2} 2KCl + 3O_2 \uparrow$$

$$2H_2O_2 \xrightarrow{MnO_2} 2H_2O + O_2 \uparrow$$

$$CaCO_3 + 2HCl = CaCl_2 + H_2O + CO_2 \uparrow$$

$$CaCO_3 \xrightarrow{高温} CaO + CO_2 \uparrow$$

$$CO_2 + Ca(OH)_2 = CaCO_3 \downarrow + H_2O$$

五、走进研究所：调查土壤污染

（一）小麦研究所之行，到乡间地头走一走

　　土壤就像地球的皮肤，位于大地的最外层，是万物的立足之地。地球上最初是没有土壤的，而经过地表岩层长期的风吹、日晒、水汽侵蚀以及地质结构自身的变化和生物质的改造，才逐渐形成了富含矿物质、水分、空气和有机质的土壤。土壤的形成过程非常缓慢，且会持续进行，通常需要数百年才能形成 1 cm 厚的表土，而在极寒环境中可能需要数千年。我国的土壤分布状况呈现出南酸北碱的的特点。

　　土壤污染严重威胁着食品安全和农业的可持续发展。土壤作为一种难以再生的资源。其健康状况直接关系到农作物的生长。只有健康的土壤才能孕育出健康的农作物。

图 2-19　小麦

（二）化　肥

　　植物生长需要碳、氢、氧、氮、磷、钾、钙、镁等营养元素，而土壤提供的养分有限，因此需要人为施肥来补充养料，以实现农作物增产的目的。18世纪中叶，随着科学的发展，科学家开始研究化学元素与植物生长的关系，并利用化学工业生产出农作物生长所需的化学肥料，即化肥。历史上，与合成氨相关的研究者分别在1918年、1931年和2007年获得过诺贝尔化学奖。与化肥相对的是农家肥，它主要来源于人畜粪便经过发酵的产物。农家肥经过现代农业技术的处理可以转化为有机肥。

　　化肥根据所含营养元素的不同，可分为氮肥、磷肥、钾肥和复合肥。常见的氮肥有氨水、尿素和铵盐（如氯化铵、硫酸铵、硝酸铵、碳酸氢铵等）以及硝酸盐（如硝酸钠、硝酸钙等），它们的主要作用是促进植物枝叶生长，提高蛋白质含量。常见的磷肥有磷酸钙和过磷酸钙，它们的主要作用是促进植物果实和种子的生长发育，增强植物的抗寒、抗旱等抵抗不良环境的能力。常见的钾肥有碳酸钾、氯化钾及硫酸钾等，它们的主要作用是促进植物茎秆的生长变粗，增强抗倒伏能力，同时还可以增强植物抗病虫害的能力。常见的复合肥有硝酸钾和磷酸铵等，它们的主要作用是满足植物的多重营养需求，达到均衡营养元素的目的。

　　在全球人口剧增的情况下，粮食产量的提高主要依赖于化肥的使用。化肥对提高农作物产量具有重要的作用。然而，化肥中含有的一些有毒有机物、重金属元素和放射性物质等，对土壤产生了严重的污染，有些成分的积累还会造成土壤酸碱值发生变化，甚至引发土壤退化。因此，需要深入研究土壤和农作物的特性，合理施用化肥。

（三）农　药

农作物的健康生长离不开农药。农药在农作物的增产增收中起着重要的作用,常见的农药包括杀虫剂、除草剂、植物生长调节剂等。其中,DDT 作为一种杀虫剂,其发明于 1948 年,并获得诺贝尔医学奖。然而,DDT 因为带来的环境问题,如今已被禁用。农药本身的毒性以及不合理使用确实会对土壤造成污染和破坏。例如,波尔多液(由硫酸铜和熟石灰按一定比例配置而成)的过量使用会导致土壤中铜离子增多,从而引发重金属污染。

（四）无土栽培技术

无土栽培技术是一种利用营养液栽培作物的现代农业技术。该技术克服了土壤和气候条件对种植的限制,使得在沙漠、戈壁等缺乏耕地和水源的地区也能实现农作物的种植。其显著优点包括节水、节肥、增产和增质。无土栽培营养液可以根据不同作物生长的需求进行针对性配制,且可以随时调节。无土栽培技术为花卉、蔬菜、水果等的工厂化和自动化种植提供了更广阔的时空,满足了人们的需求。

核 心 知 识 链 接

$$CuSO_4 + Ca(OH)_2 = CaSO_4 + Cu(OH)_2\downarrow$$

$$H_2SO_4 + Ca(OH)_2 = CaSO_4 + 2H_2O$$

$$3H_2 + N_2 \xrightarrow[\text{催化剂}]{\text{高温、高压}} 2NH_3$$

$$NH_4HCO_3 \xrightarrow{\triangle} NH_3 + H_2O + CO_2\uparrow$$

六、走向社区：调查垃圾分类与回收利用

垃圾，即固体废弃物。"固体废弃物"这个名词虽然容易让人"望文生义"，但在精确定义上却颇具挑战。我们一般说的垃圾是指生活垃圾。这些垃圾在分解过程中产生的有毒气体会污染空气，埋入土壤会破坏土壤结构，倾倒入海则会污染水体，对海洋生物造成危害。

垃圾中往往含有人类生存和从事生产活动所需要的"半成品"或"原材料"。因此，从某种意义上讲，垃圾是"放错地方的资源"。

一般垃圾的处理方法包括回收、填埋、焚烧等。露天的垃圾场会带来诸多环境问题。如吸引老鼠、苍蝇等易于传播疾病的动物，产生各种刺激性气味，影响周边居民的生活，有时塑料等可燃物的燃烧还会产生有毒气体。此处，垃圾场的渗透液对地下水的污染更严重。为此，垃圾填埋作为露天堆放垃圾的改进方法被采用，但填埋同样因场地问题而受到限制。垃圾焚烧既清除了固体废弃物，又产生了大量可用于发电或取暖的热量，解决了处理废物所需空地的问题，然而，这一方法也影响着环境，主要是会向环境中释放有毒物质，影响人体健康。垃圾的回收再利用则是社会发展进步的体现。垃圾分类主要是为了资源再利用和资源分离。资源再利用需要对垃圾进行分类，例如，金属制品、塑料制品等。例如，含铁合金可以通过磁铁被选出分离，这些金属制品将被进一步回炉冶炼；不能被回收的可燃物部分则被燃烧以获得能量；不可燃的再进行填埋处理。资源分离则要求每个家庭将各自的垃圾分类，然后由清洁工将同种垃圾集中回收利用，不能回收利用的再进行焚

烧或填埋。

垃圾综合化分类

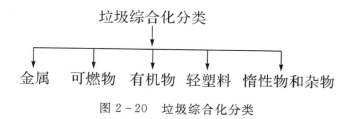

金属　可燃物　有机物　轻塑料　惰性物和杂物

图 2-20　垃圾综合化分类

随着我国"资源节约型"与"环境友好型"社会的建设,垃圾综合分类及资源再生利用进入了新阶段。

图 2-21　中国环境标志

20 世纪 20 年代见证了塑料的广泛应用和大规模生产。塑料作为三大合成材料之一,是通过化学方法合成的有机合成高分子材料。除了塑料,还有合成纤维和合成橡胶。合成材料的出现结束了人类只能依靠天然材料的历史。塑料因其质轻、不会腐烂、坚固耐磨、不导电、容易加工且价格便宜等优点,在生产和生活中得到了广泛应用。塑料品种多样,如聚乙烯、聚氯乙烯、聚苯乙烯、有机玻璃等,可制成薄膜、日用品、管道、塑料板、泡沫包装材料、电器绝缘部件和外壳等。其中,塑料袋是我们最熟悉的。

塑料的应用和发展极大地方便了我们的生活。然而,大部分塑料在自然条件下难以被降解,长时间堆积会破坏土壤,污染地下水,进入海洋则会危害海洋生物。这就是我们所称的"白色污染"。

2008年6月1日,我国"限塑令"正式实施,超市等不再免费提供塑料购物袋,鼓励人们用布袋和纸袋替代塑料袋。然而,随着经济的发展、物流的普及、塑料大棚和各种饮料的流行,由过度的塑料袋包装造成的"白色垃圾"问题反而越演越烈。有数据表明,全世界每一秒就要用掉上百万个塑料袋,每年丢弃的塑料饮料瓶总量达数亿吨,而回收率不到20%。据不完全统计,塑料包装占包装总量的30%以上,是所有包装材料之首,且占比每年还在递增。因此,很多城市将"限塑令"升级为"禁塑令",在快递、外卖餐饮等领域禁止使用不可降解塑料。在难以减少或避免使用塑料制品的情况下,我们应倡导重复利用,并努力研制和推广使用在自然条件下容易降解的新型塑料。

废金属主要指冶金工业、金属加工业产生的金属碎屑和碎块,以及日常生活中锈蚀和报废的金属器具等。20世纪以来,随着高新技术产品更新换代加快,废弃的汽车、电脑、电视等电子产品以及各种电池越来越多,废金属急剧增加。废金属中的镉、汞等有毒金属会造成环境污染。回收利用废金属既能解决环境污染问题,又能节约金属资源,这需要有先进的回收利用技术。

可回收物是指适宜回收利用的生活垃圾,包括纸类、塑料、金属、玻璃、织物等。有害垃圾则是指《国家危险废物名录》中列出的家庭源危险废物,包括灯管、家用化学品和电池等。厨余垃圾是指易腐烂的、含有有机质的生活垃圾,包括家庭厨余垃圾、餐厨垃圾和其他厨余垃圾等。其他垃圾是指除以上垃圾之外的垃圾。

图 2-22　垃圾分类标志

图 2-23　智能废品回收机

核 心 知 识 链 接

　　大部分含有碳元素的化合物属于有机化合物,而二氧化碳、一氧化碳、碳酸钙等少数含碳化合物,由于它们的组成和性质与无机物很相似,因此人们就将它们归类为无机化合物来进行研究。

七、走进消防科普体验馆：正确用火

火是燃烧产生的现象。原始人类最早的火种是大自然的恩赐——雷击树木产生的火被发现可以用来加工食物。北京猿人在约 50 万年前就发明了人工用火术。化学的早期历史与燃烧紧密相关，可以说是一部燃烧史。钻木取火是最古老的燃烧技术之一。我国古代的火折子设计精妙，凝聚了祖先的经验和智慧。火给人类带来了光明和温暖，使我们告别了茹毛饮血的时代，开始用火烹饪食物、生热取暖、释放信号、产生推进动力，逐渐走向文明。

黑火药是我国古代四大发明之一，也是我国劳动人民为世界科技事业作出的重大贡献。其主要成分是硝石、硫粉和木炭粉。但需要注意的是，孙思邈并非火药的最早发明者，火药的确切发明者已无从考证。

钻木取火是通过不断摩擦产生热量，使温度达到细碎木屑的着火点而引发的燃烧现象。至今，这一技术仍被用于野外生存，但需要一定的技巧。火折子的原理是利用可燃物在缺氧环境下不完全燃烧，制造富氧环境后重新燃烧。火折子的制作涉及浸泡、捣碎白薯藤条和棉花、芦苇缨子，充分混合后再晾干，并撒上硝石、木炭粉、硫黄、松香粉、檀香粉等，最后卷曲放入带有气孔的竹筒中，引燃后再用竹帽盖上，形成"带火星的火"，使用时，拧开竹帽，空气进入即可产生明亮的火焰。

原始的火柴是在公元 2 世纪由炼丹师发明的，主要是浸染硫黄的小木条，需要借助火种才能点燃。火柴工业起源于欧洲，传入我国后被称为"洋火"。我国于 1879 年开办第一家火柴厂，经过技术的不断改良升级，安全火柴问世。火柴头主要由氯酸钾氧化剂、硫黄易燃物、二氧化锰催化剂、黏合剂等组成，而擦火皮主要由红磷、三硫化二锑、黏合剂组成。划火柴时，摩擦产生的热将氯酸钾分解产生氧气，红磷燃烧，引发硫黄燃烧，进而引燃火柴棒。

打火机利用内部的压电点火器产生的火花点燃从打火机中挥发出来的丁烷，点火快速。由于其便于携带和使用方便，打火机备受欢迎。

燃烧需要三个条件：可燃物、足够的热量和氧气，三者缺一不可。燃烧是剧烈的发光、放热的氧化反应。

灭火只需破坏燃烧的一个条件，如清除可燃物、隔绝氧气、降低温度，燃烧就会停止。

关注消防，人人有责。大家知道灭火器的种类和使用方法吗？

消防栓的使用：连接水枪、水带，打开水阀门，对准火源根部进行灭火。

灭火器的使用：提起灭火器，拔下保险销，用力压下手柄，对准根部进行扫射。

目前使用的灭火器及其灭火原理和适用范围如下表所示。

灭火器	灭火剂	灭火原理	适用范围
干粉灭火器	碳酸氢钠或碳酸氢盐	喷出的干粉（压缩的二氧化碳的压力）覆盖在燃烧物的表面，隔绝空气	扑灭一般失火，还可以用来扑灭油、气等燃烧引起的失火
水基型灭火器	水	喷出的泡沫和水覆盖在燃烧物的表面，达到隔绝氧气的作用，同时水雾蒸发吸热可以起到降温的作用	扑灭汽油、柴油等非水溶性可燃性液体，木材、棉布等固体材料引起的失火
二氧化碳灭火器	二氧化碳	喷出的液态二氧化碳起到降低温度和隔绝空气的作用	扑灭图书、档案、贵重设备、精密仪器等的失火

一旦遇到火情,请立即拨打"119"火警电话,沉着并准确讲清起火单位、所在地区、街道、房屋门牌号码、起火部位、燃烧物质以及火势大小等详细信息。随后,尽可能地派人在路口接应和引导消防车进入火场。切记要向安全出口的方向逃生,切勿乘坐电梯。

在生活中,电动自行车和电动车应当在指定的集中充电处进行充电,同时要养成出门时断电的好习惯,以正确保安全。

核心知识链接

黑火药 $S + 2KNO_3 + 3C \xrightarrow{\text{一定条件}} K_2S + N_2 \uparrow + 3CO_2 \uparrow$

$4P + 5O_2 \xrightarrow{\text{点燃}} 2P_2O_5$ 　　　　$C + O_2 \xrightarrow{\text{点燃}} CO_2$

$S + O_2 \xrightarrow{\text{点燃}} SO_2$ 　　　　$2CO + O_2 \xrightarrow{\text{点燃}} 2CO_2$

$2H_2 + O_2 \xrightarrow{\text{点燃}} 2H_2O$ 　　　　$2Mg + O_2 \xrightarrow{\text{点燃}} 2MgO$

$3Fe + 2O_2 \xrightarrow{\text{点燃}} Fe_3O_4$ 　　　　$2Cu + O_2 \xrightarrow{\triangle} 2CuO$

$CH_4 + 2O_2 \xrightarrow{\text{点燃}} CO_2 + 2H_2O$

$C_2H_5OH + 3O_2 \xrightarrow{\text{点燃}} 2CO_2 + 3H_2O$

八、走进口腔医院:养成良好的口腔卫生习惯

我们都知道,牙齿不仅能帮助我们咀嚼食物,还起到美观和发音的作用。人的一生有乳牙和恒牙,随着科技的进步,出现了第三副牙——种植牙。

钙是构成骨骼的重要成分,牙齿中也含有钙元素,而人造假牙

的生产原料之一就是羟基磷酸钙 $Ca_5(OH)(PO_4)_3$。常喝碳酸饮料容易引起钙质流失。

牙膏分为含氟牙膏和不含氟牙膏。氟化物可以有效预防龋齿，常用的有氟化钠。刷牙时，含氟牙膏中的氟被释放出来与牙体中的钙、磷等矿物盐形成含氟矿化系统，这样，氟离子可以替换牙齿组织矿物盐中的羟基，形成含氟矿物盐，增强牙齿的抗蛀能力，同时氟化物可以促进牙齿表面矿物质的沉积，使得已出现的蛀牙再矿化，修复牙釉质。含氟牙膏更适合有蛀牙倾向的人群。儿童全牙涂氟可以有效地预防蛀牙。牙膏中加入的碳酸钙颗粒和二氧化硅颗粒作为摩擦剂，能有效地除去食物残渣，清除表层的异物，减少牙结石的形成。

牙刷由牙刷柄和牙刷头两部分构成。牙刷头有软毛系列和非软毛系列，需要根据人群来选择牙刷。

俗话说："牙疼不是病，疼起来真要命"。有时我们去看牙病但怕疼，必要时需要用麻醉剂。笑气是一种常见的麻醉剂。氧化亚氮，俗名为笑气，是一种无色气体，无显著臭味，性质稳定，不燃不爆，但能助燃，密度大于空气和氧气。在一定条件下，它可以压缩成无色液体，易溶于水。临床上由于笑气具有镇静、镇痛效果好，操作简单、安全，易于控制，显效快，作用消失也快等优点，常被用于麻醉治疗。

种植牙的问世满足了人们对高品质生活的追求。种植牙由植体和牙冠组成，植体主要成分是纯钛或钛合金。钛具有良好的生物相容性，而钛合金硬度大，具有较高的强度和耐腐蚀性。牙冠主要成分是二氧化锆，这是一种白色无臭无味的物质，难溶于水、盐酸和稀硫酸，化学性质不活泼。

关爱口腔健康，需要坚持正确的漱口和刷牙习惯，减少碳酸饮料和高糖食物的摄入，定期去口腔医院检查，做到早发现早治疗。

核心知识链接

　　龋齿,俗称虫牙、蛀牙。牙齿的基本结构包括最外面的牙釉质、中间的牙本质和最里面的牙髓。龋齿的形成主要是由于滞留在口腔中的高糖食物残渣滋养口腔中的致龋细菌,这些细菌产生酸性物质腐蚀牙釉质,长期下去,就会进一步突破牙本质到达牙髓部分,进而引起牙髓里面的牙神经发炎坏死。

　　人体中的50多种元素在自然界中可以找到,健康的生命所需的元素称为生命必需元素。这些必需元素分为常量元素和微量元素。常量元素有氧、碳、氢、氮、钙、磷、钾、硫、钠、氯、镁;微量元素有锌、碘、氟、铁、硒等。这些元素含量的多少直接影响人体的健康。正常的饮食一般能保证人体必需元素的摄入,因此在生活中要注意养成良好的饮食习惯。

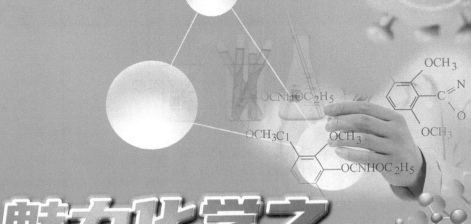

魅力化学之
实验篇 3

　　著名科学家密立根曾说过：科学靠两条腿走路，一是理论，一是实验，有时一条腿在前面，有时另一条腿在前面，但唯有同时使用两条腿，才能前进。 化学实验是传递知识、培养能力、形成价值观的最好载体之一。 进行化学实验既是学习化学的内容，也是学习化学的方法。 化学实验的完成需要在实验室进行，实验室配备了所需的化学试剂和化学仪器。 为了保证实验安全、有序进行，我们需要掌握化学仪器的用途和规范使用方法。

走进实验室

仪器	用途	注意事项
试管	盛放少量的固体和液体,用作物质之间反应的容器,也可以直接加热	热的试管不能骤冷。加热固体,试管口略向下倾斜;加热液体,不超过容积的三分之一
试管架	放置空试管和装有药品的试管	洗净的试管倒扣在试管架上
试管夹	夹持试管	夹持在试管的中上部,从试管底部套入
试管刷	清洗化学仪器	清洗时要选择型号合适的试管刷
酒精灯	用于给物质或仪器加热	在使用时,禁止向燃着的酒精灯添加酒精,禁止用燃着的酒精灯引燃另一只酒精灯,熄灭酒精灯要用灯帽。添加的酒精不能超过容积的三分之二,不能少于四分之一
铁架台	固定装置	根据需要选择铁夹和铁圈
药匙	取用粉末状和细小颗粒固体药品	取出的药品不能倒回原试剂瓶,送到横放的试管底部,使用后及时用抽纸擦拭干净
镊子	取用块状和大颗粒状固体	把容器横放,将药品放在容器口,再将容器缓缓直立起来
坩埚钳	夹持热的坩埚、蒸发皿、燃烧的可燃物或其他物品	避免烫手
蒸发皿	用于蒸发结晶或液体物质的加热	不能蒸干,盛放的液体不能超过三分之二,热的蒸发皿不能用手直接取用
研钵	将块状研磨,或者固体物质之间的混合,以便于化学反应或其他用途	—
天平	称量固体	不能超出量程,称量前要调零,左物右码
量筒	定量量取液体	不能用作反应容器、不能加热,读数时,量筒平放在实验台上,视线与凹液面最低处保持水平
滴管	滴加液体药品	垂直悬空在容器上方,不能伸入容器中
烧杯	盛放液体,物质之间反应的容器,粗略量取液体	加热时要垫上陶土网,不能骤冷骤热

仪器	用途	注意事项
锥形瓶	物质之间反应的容器	不能直接加热
玻璃棒	搅拌、引流、蘸取液体药品	不能骤冷骤热
试剂瓶	广口瓶用于装固体药品,细口瓶用于装液体药品	装碱性药品的试剂瓶不能用玻璃塞,应用橡胶塞
集气瓶	收集气体,物质之间的反应容器	一般不能加热,集满气体的集气瓶要盖上毛玻璃片
普通漏斗	过滤	选择型号适宜的滤纸
长颈漏斗	注入添加液体药品	末端浸入液面下
分液漏斗	注入添加液体药品、分液	先关闭开关,再注入药品
水槽	盛放水	排水集气时,水要适量

化学药品要分类存放在试剂柜中。易燃易爆药品要与强氧化性的物质分开存放,且有毒的药品应放置在保险柜中。部分实验还应在通风橱中完成。实验过程中,禁止用手接触药品,也不能直接把鼻孔凑到试剂瓶口去闻药品的气味,更不能品尝任何药品。在实验中,取出的剩余的药品不能放回原瓶,不能随意丢弃,更不能带出实验室,要按照要求放入指定容器中。使用具有腐蚀性的强酸和强碱时,注意按照要求取用,若不慎有较多量的酸液洒在实验台上,应立即用适量的碳酸氢钠溶液进行中和处理;若碱液洒出,应该用稀醋酸进行中和处理,然后用水冲洗,并用抹布擦干。如果少量酸或碱洒出,应该用湿抹布擦干,再用水冲洗抹布。如果少量酸液沾到皮肤上,应立即用大量水冲洗,涂上 3%～5% 的碳酸氢钠溶液;如果碱液沾到皮肤上,则用大量水冲洗,并涂上硼酸溶液。如果酸或碱溅入眼睛,应立即用大量水冲洗,并在必要时前往医院就诊。

实验前,要明确实验原理;实验中,要特别注意药品的用量,并及时记录实验现象和实验数据;实验完成后,要清洗并整理实验仪

器,擦拭实验台,并认真完成实验报告。

一、手绢能不能烧坏

　　火是物质燃烧的一种现象,燃烧发出的光给人类带了光明;燃烧放出的热量可以烹饪食物,也可以取暖。熊熊大火有时候给人喜悦,有时候给人惊讶。魔法表演"手绢在烈火中永生",是如何做到的,其原理是什么?

实验目的

　　1.通过动手操作、观察现象、分析问题来巩固对燃烧的条件和灭火原理的认识,培养证据推理能力。

　　2.通过探究不同的实验条件对燃烧的影响,培养学生控制变量的意识。

实验用品

　　不同材质手绢、无水乙醇、蒸馏水、坩埚钳、酒精灯、火柴、烧杯。

实验过程

　　将无水乙醇和蒸馏水以 2∶1 的比例混合,将一块手绢浸入混合液中,浸透后拧干,用坩埚钳夹持,在酒精灯上点燃,并轻轻抖动手绢。

　　观察现象:燃烧剧烈,手绢没有烧坏,用手把手绢握在手里,感觉"凉"。

　　实验解释:这个实验中有乙醇燃烧和水的汽化两个变化,乙醇燃烧属于化学变化放热,水的汽化属于物理变化吸热,燃烧的是乙醇而不是手绢,手绢没有燃烧是因为水的汽化吸收了乙醇燃烧放出的热。手绢真不会烧坏吗?只在乙醇中浸泡,烧坏了;只在水中浸泡,手绢烧不着。进一步思考手绢能否被烧坏与无水乙醇和水的混合比例是否有关。继续按照 4∶1、3∶1、1∶1、1∶2、1∶3、1∶4的比例进行实验,记录实验现象。还有哪些因素影响实验呢?手绢的材质,可以把纱布换成棉质的、化纤的或抽纸进行实验。设计如下:

实验序号	无水乙醇与水的配比	手绢材质	现象	结论
	4∶1	棉质		
	3∶1	棉质		
	2∶1	棉质		
	1∶1	棉质		
	1∶2	棉质		
	1∶3	棉质		
	1∶4	棉质		
	4∶1	化纤		
	3∶1	化纤		
	2∶1	化纤		
	1∶1	化纤		
	1∶2	化纤		
	1∶3	化纤		
	1∶4	化纤		
	4∶1	抽纸		
	3∶1	抽纸		
	2∶1	抽纸		
	1∶1	抽纸		
	1∶2	抽纸		
	1∶3	抽纸		
	1∶4	抽纸		

 问题讨论

1."纸火锅"是用纸张代替金属材料做容器盛放汤料,纸火锅的下方虽然有火在加热,但纸火锅并不会被烧着。对此现象,大家能否做出合理的解释?

2.将一块铜片置于 A4 纸的上方,同时灼烧铜片和纸,为什么纸烧不着?

核心知识链接

物理变化:物质状态或形状的改变,没有新物质生成,如水的三态变化。

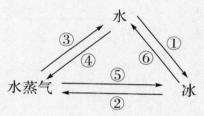

①凝固放热;②吸热升华;③液化放热;④吸热汽化;⑤凝华放热;⑥吸热熔化。

化学变化:有新物质生成的变化,又叫化学反应,通常伴有能量的吸收和放出。

$$C_2H_5OH + 3O_2 \xrightarrow{\text{点燃}} 2CO_2 + 3H_2O$$

燃烧都放热,但有的化学反应是吸热。

二、质量守恒定律再认识

宇宙间物质的质量是否守恒,自古以来就是哲学家探讨和争论的重大问题。英国化学家波义耳、俄国化学家罗蒙诺索夫、法国化学家拉瓦锡等用实验研究了化学反应过程中的质量关系,随着工具和技术的改进,研究精确度越来越高,最后质量守恒定律作为精确的科学定律为科学界公认。

实验目的

1.形成"化学反应过程中总质量不变"的观念。
2.认识质量守恒定律,能说明化学反应中的质量关系。

实验用品

天平、锥形瓶、气球、碳酸氢钠、稀硫酸。

实验过程

天平调平,向锥形瓶中倒入足量的稀硫酸,气球中装入 8.4 g 碳酸氢钠,将气球套在锥形瓶上,称得质量,将碳酸氢钠粉末全部加入锥形瓶中。观察现象:气球变大、有气泡产生、天平平衡,称得质量。将气球从锥形瓶上取下,放在天平的左托盘中。重新观察现象:天平不再平衡,称得质量。

$$2NaHCO_3 + H_2SO_4 \!=\!\!=\!\!= Na_2SO_4 + 2H_2O + 2CO_2\uparrow$$

实验用品

天平、蜡烛、火柴。

实验过程

将天平调平,左盘称量纸上放上一支蜡烛,称得质量。点燃蜡烛使其燃烧 10 min,天平失衡,调游码,称得蜡烛的质量。质量为什么会减少?

$$石蜡 + 氧气 \xrightarrow{\text{点燃}} 水 + 二氧化碳$$

实验用品

天平、浓氢氧化钠溶液、烧杯。

实验过程

将天平调平,左盘称量纸上放上盛有浓氢氧化钠溶液的小烧杯,称得质量。第二天,天平失衡,调游码,称得烧杯的质量。质量为什么会增加?

$$2NaOH + CO_2 \rightleftharpoons Na_2CO_3 + H_2O$$

 问题讨论

1. 天平为何有的平衡,有的不平衡? 这些现象是否验证或者推翻了质量守恒定律? 如何解释?

2. 大家能否从微观角度解释质量守恒定律?

3. 大家能否对以上实验做出改进或者设计新的实验来验证质量守恒定律? 请写出实验方案。

核心知识链接

参加化学反应的各物质的质量总和等于反应后生成的各物质的质量总和,这个规律叫作质量守恒定律。

化学反应中元素的种类、元素的质量不变,物质的总质量不变;原子的种类、原子的数目、原子的质量不变;物质一定发生改变,分子一定发生改变;物质的状态、元素的化合价、分子的总数可能改变。

三、铁的锈蚀实验

大自然向人类提供了丰富的金属矿物资源。人类每年要提取数亿吨金属,铁是提取量最大的金属。铁制品被广泛用于生产、生活。据估计,世界上每年都有将近总产量十分之一的钢铁锈蚀,造成了巨大的经济损失。铁锈蚀是如何造成的?

实验目的

1. 设计实验对铁制品锈蚀的条件进行探究。
2. 根据铁制品锈蚀的条件,提出防止铁制品锈蚀的方法。

实验用品

废旧铁丝网、稀盐酸、浓食盐水、锥形瓶、单孔塞、导管、红墨水、木条、酒精灯、火柴。

实验过程

连接仪器,检查装置的气密性。将剪成小片的废旧铁丝网用稀盐酸在烧杯中浸泡至银白色,取出,用水冲洗干净,用镊子放入锥形瓶中,再倒入 5 ml 浓食盐水,塞紧单孔塞,将导管的另一端伸入装有红墨水的烧杯中,观察现象。

 问题讨论

1.结合观察到的实验现象,思考是由于铁丝生锈消耗了锥形瓶中的气体导致气压减小,还是该反应因是吸热反应而造成装置中的温度降低,气压减小?

2.用温度计测量反应前、后温度没有明显变化,消耗的气体是什么气体呢? 查阅资料:铁生锈是铁与空气中的氧气和水发生反应的结果,如何验证呢? 设计方案进行实验。

(提示:根据氧气可以支持燃烧的性质,将实验进行优化)

3.示例:在检查装置气密性之后,将燃着的木条伸入锥形瓶中,此时木条可以正常燃烧;开始实验后,当红墨水的高度不再上升时,取下单孔塞,将相同的燃着的木条伸入锥形瓶中,木条熄灭。通过对比实验验证了铁的锈蚀消耗的是空气中的氧气。

4.根据探究得到的结论,试着说出防止铁制品生锈的方法。

核 心 知 识 链 接

　　铁在空气中锈蚀是铁与氧气和水等物质作用,发生一系列复杂的化学反应,转化为铁的化合物的过程。在稀酸溶液和氯化钠溶液等物质存在时,铁的锈蚀速度会加快。

四、食品用铁系脱氧剂的认识

好多人喜欢吃零食,对零食总是爱不释手,但是大家有没有观察过,零食的保质期长短不一。为了预防食品变质,商家们各有各的妙招。其中,食品脱氧剂功不可没。大家想一想,哪些物质可以用作食品脱氧剂?从发生化学反应会消耗氧气的角度思考,铁粉是食品脱氧剂的不二之选,其廉价又实用。那么,我们如何验证食品脱氧剂中铁粉的存在呢?

实验目的

1. 认识铁系食品用脱氧剂。
2. 会利用物质的性质设计实验。

实验用品

食品用铁系脱氧剂、磁铁、稀盐酸、硫酸铜溶液、试管、试管刷、试管架。

实验过程

取少量食品,用铁系脱氧剂中的粉末于试管中,观察到有黑色物质,红棕色物质和白色物质,用磁铁吸引,观察到黑色粉末可以被磁铁吸引。另取少量粉末于试管中,加入少量稀盐酸。观察现象:有气泡产生,溶液变成黄色,剩余部分为黑色粉末。进一步设计方案进行实验。

实验序号	操作	现象	结论

 问题讨论

脱氧剂仅仅与氧气反应吗？

核 心 知 识 链 接

食品用脱氧剂有铁系脱氧剂、亚硫酸盐脱氧剂和有机脱氧剂三类。铁剂成本低、效果好、安全性高，应用广泛。铁生锈需要氧气和水，脱氧剂中除了铁粉，还添加了氯化钙、氯化钠、活性炭等物质。

五、自制暖贴

冬天的天气越来越冷了，穿着厚厚衣服的大家，是不是还会瑟瑟发抖？有一个神奇的东西叫暖贴，哪里冷贴到哪里。只要撕开封口，暖贴就会慢慢发热，贴在身上能让人感到热乎乎的，给寒冷的冬天带来一丝暖意。大家使用过暖贴吗？知道它的发热原理和制作方法吗？

请动手制作一个适合出行携带、能御寒又能持久发热的暖贴。

实验目的

1.探究暖贴的发热原理。

2.认识化学反应中的能量变化。

实验用品

铁粉、吸水粉、食盐、水、自封袋、烧杯。

实验过程

1.将吸水粉倒入杯子中,倒入适量水,等待水完全被吸水粉吸收。

2.将铁粉、完全吸收水的吸水粉和食盐放入自封袋后封口,用手反复揉匀,感受暖贴越来越热。

 问题讨论

1.暖贴可以发热,其中哪些成分起着主要作用?

2.暖贴在使用过程中有什么注意事项?

3.查找不同种类的暖贴,阅读成分,并进行探究实验。

核心知识链接

在某些条件下,物质与氧气只发生缓慢的氧化反应,甚至不易察觉,这种氧化反应叫作缓慢氧化。例如,金属器皿的锈蚀变化中就包含有缓慢氧化。缓慢氧化属于放热反应。

六、 "金元宝"鉴定

黄色的金属一定是黄金吗？

黄铜是一种铜锌合金，可以制作各种工艺品，颜色与黄金无异，很难用肉眼辨别。随着人们生活水平的提高，黄金逐渐进入"寻常百姓家"。但是，市场上黄金首饰品牌众多，一些不良商家常掺假黄金卖给消费者，甚是可恨。那么，黄金首饰如何鉴定真假呢？

实验目的

1. 认识金属的性质。
2. 会设计实验进行金属的鉴定。

实验用品

运动会金牌、"金元宝"、坩埚钳、稀盐酸、硝酸银溶液、酒精灯、烧杯。

实验过程

1. 将"金元宝"置于酒精灯火焰上方灼烧一段时间，观察现象。
2. 将灼烧后的"金元宝"放入稀盐酸中，观察现象。
3. 将"金元宝"放入硝酸银溶液中一段时间，观察实验现象。

 问题讨论

1. 还有其他方法可以鉴别真假黄金吗？

2.在古装影视剧中,常常有这样一个情节,有人用牙齿去咬黄金来辨别黄金的真假,这种方法科学吗?

核心知识链接

$$2Cu+O_2 \xrightarrow{\triangle} 2CuO \qquad CuO+2HCl=CuCl_2+H_2O$$

$$Zn+2HCl=ZnCl_2+H_2\uparrow \qquad Cu+2AgNO_3=Cu(NO_3)_2+2Ag$$

金属活动性顺序表是按照金属活动性顺序由强到弱排列的。在金属活动性顺序表中,排在氢前的金属能与酸发生反应,排在前面的金属可以从排在后面的金属盐溶液中置换出后面的金属。

人们通过进一步的实验和研究,总结出常见金属的活动性顺序:

K Ca Na Mg Al Zn Fe Sn Pb (H) Cu Hg Ag Pt Au

金属活动性由强到弱

七、酸碱指示剂的制备

花儿为什么这样红? 英国著名化学家、近代化学的奠基人罗伯特·波义耳(Robert Boyle,1627—1691)在一次实验中不小心将浓盐酸溅到一束紫罗兰上,为了洗掉花瓣上的酸,他把花浸泡在水中,过了一会儿,他惊奇地发现紫罗兰变成了红色。他请助手把紫罗兰花瓣分成小片投到其他酸溶液中,结果花瓣都变成了红色。波义耳敏锐地觉察到,把紫罗兰花瓣投进一种溶液中就能确定这种溶液是否显酸性。波义耳从许多种花等植物中提取汁液,并用它制成了试纸。波义耳用试纸对酸性溶液和碱性溶液进行多次试验,终于发现了酸碱指示剂。

实验目的

1. 探究生活中溶液酸碱性对色素的影响。

2. 尝试自制酸碱指示剂,并根据颜色变化判断常见溶液的酸碱性。

3. 根据实验现象,尝试提出具有研究性的问题。

实验用品

鲜花(紫甘蓝或黑枸杞)、无水乙醇、白醋、碱面、蒸馏水、澄清石灰水、稀盐酸、氨水、食盐水、研钵、烧杯。

实验过程

1. 收集不同颜色的新鲜花瓣(或紫萝卜皮、紫甘蓝、黑枸杞等),各取适量,研碎,加入适量蒸馏水和无水乙醇(两者体积比为1∶1)浸泡,过滤,得到植物色素提取液。将提取液分别装入小试剂瓶中备用。

2. 将上述植物色素提取液分别滴入白醋、蒸馏水、澄清石灰水中,观察颜色的变化,并记录。

3. 选择颜色变化明显的植物色素提取液作为酸碱指示剂,并检验稀盐酸、氨水、食盐水等溶液的酸碱性。

 问题讨论

1. 用紫甘蓝制成的酸碱指示剂是否只能变成两种颜色?

2.所用试剂的浓度对颜色有什么影响？

3.同种性质的溶液（如白醋和柠檬水）加入自制酸碱指示剂（紫甘蓝浸泡溶液）后，变成的颜色虽然都是红色，但是有颜色深浅的区别。同种颜色，深浅不同的溶液，pH 的数值是否相同？

4.用不同颜色的花制成的酸碱指示剂，酸性和碱性以及中性溶液中分别指示的颜色有不同吗？

核心知识链接

　　一般花瓣内通常含有两种色素。这些色素在不同的温度、不同的酸碱性环境下，呈现不同的颜色。不同的花，花瓣中两种色素的含量不同。由于花瓣内的酸碱性不同，因此花会呈现不同的颜色。同一种花，在开放的不同时期，花瓣中两种色素的含量也不同，花就呈现不同的颜色。

　　酸碱指示剂一般是染料类的有机弱酸或有机弱碱，或者是兼具两性，借助于自身在不同酸碱值的溶液里结构的变化而引起颜色的变化来指示溶液的酸碱性。酸碱指示剂可以检验溶液的酸碱性，常见的酸碱指示剂有无色酚酞溶液和紫色石蕊溶液。酚酞溶液遇碱变红，而紫色石蕊溶液遇酸变红，遇碱变蓝。

八、叶脉书签的制作

　　一花一叶一菩提，一枝一叶总关情。春天生机勃勃，绿意盎然，让人不免流连忘返，总想留住美好、留住梦想。触摸每一片树叶,感受春的细语,世界上没有两片完全相同的树叶,每一片树叶都有她的"情感密码"。大家是否也曾想过将这春天短暂的生机和美好定格?在凛冽的寒冬也能抚摸春天的模样?化学也许真能破译春天的密码,认识碱的性质,突破叶肉的束缚,让唯美的叶脉展现她的一片深情。准备好了吗?动起手来,制作属于大家独一无二的叶脉书签,展现大家的"脉脉深情"吧。

实验目的

1.认识碱的腐蚀性。
2.感受化学的美。

实验用品

树叶、碳酸钠、稀氢氧化钠溶液、夹子、毛质柔软的牙刷、加热设备、玻璃片、药匙、烧杯、一次性橡胶手套。

实验过程

1.选择叶片。选择叶脉粗壮而密的树叶。

2.煮叶片。取少量稀氢氧化钠溶液与碳酸钠混合,放入几片外形完整、叶脉清晰的干净叶片,不时翻动,使其均匀受热。

3.煮"熟"清洗。煮沸 30 min 左右,等到叶片转为棕黄色或黑色,夹取出叶子,放入盛有清水的杯中,用清水浸泡洗净。

4.刷去叶肉。当叶片上的碱液洗净后,把叶片平放在玻璃片上,用柔软的毛刷(牙刷或试管刷)轻轻刷去叶肉。若要保持叶脉本色,可将去叶肉的叶片在清水中漂洗干净后夹入旧书中,将叶片压平即可。

5.晾干,制作书签。将刷净的叶脉晾干,着上你们喜欢的颜色,再晾干压平,还可以涂上清漆,以增加光泽和硬度。最后在叶柄上系一条丝带即成叶脉书签(注意:使用的药品有腐蚀性,不要溅入眼睛或沾在皮肤上)。

 问题讨论

1.哪些植物的叶脉适合用来制作精美的叶脉书签?
2.家庭用品还有没有适合用来煮叶子的?
3.苏打与水的比例多少比较合适?

核心知识链接

在水溶液中或熔融状态下产生的阴离子只有氢氧根离子的化合物是碱。氢氧化钠属于碱,氢氧化钠溶液具有腐蚀性,能腐蚀叶肉。氢氧化钠在空气中易吸收水分而潮解,还易与二氧化碳发生反应而变质。

$$2NaOH + CO_2 = Na_2CO_3 + H_2O$$

九、水果电池的制作

电池是一种高效率的能量转换器。干电池、锂离子电池、钠离子电池、锌离子电池、新型铝电池、新型钙氧电池等满足了不同的需求。大家见过能充当电池的水果吗?柠檬真的能"发电"吗?

实验目的

1.知道化学能可以转化为电能。
2.感受金属活动性顺序的差异。

实验用品

新鲜柠檬、电流表、导线、铜片、锌片。

实验过程

1.将电流表两端接上电极。
2.将新鲜柠檬洗净,切开。
3.将电极插入同一块柠檬中。
4.观察电流表的指针是否偏转。

 问题讨论

不同种类的水果都能制作水果电池吗？为什么？

核心知识链接

　　电池是将化学能转化为电能的装置。在能量转换中,电池通过特定的化学反应,消耗某种化学物质而释放出电能,且能量转换效率较高。在水溶液中电离出的阳离子全部是氢离子的化合物是酸。含有自由移动的离子的溶液才能导电,而柠檬里的柠檬酸含有氢离子。

十、自制汽水

碳酸饮料中的气体是二氧化碳。通过学习我们知道,小苏打和酸反应会产生二氧化碳。实验选择柠檬酸为原料。将柠檬酸与小苏打混合后,可产生柠檬酸钠——品尝起来具有清凉感,非常适合在炎炎夏日饮用,安全、健康又好喝。

实验目的

1.知道汽水制作的原料和方法。学会自制汽水,并在制作过程中感受快乐。

2.了解工厂制造汽水的方法,感受科学技术的发展改善了人们的生活。

3.在科学探究中利用对比实验的方法帮助思维构建,完成科学探究,体会探究的乐趣。

实验用品

柠檬酸汁、小苏打、白砂糖、矿泉水、食用色素。

实验过程

1.将新鲜的柠檬榨汁备用。

2.取一个空杯子,加入 280 ml 水,再倒入 48 g 柠檬汁,搅拌均匀。

3.继续加入 25 g 左右的白糖,搅拌均匀。

4.加入 1.5 g 左右的小苏打,搅拌至完全溶解,盖上杯盖。

5.根据口感微调,加白糖或者加柠檬汁,也可以根据自身喜好加入 1 滴食用色素,改变汽水的颜色。

问题讨论

用小苏打和面可以使馒头松软可口,那么用汽水和面能不能达到相同的效果呢?

人们饮用较多汽水时为什么会打嗝?

核 心 知 识 链 接

小苏打属于碳酸盐,与酸溶液反应会产生二氧化碳气体,可以用于焙制糕点,还可以用于治疗胃酸过多。

气体溶解度除了与气体的性质有关,还与温度和压强有关。在一定压强下,温度越高,气体溶解度越小;在一定温度下,压强越大,气体溶解度越大。

$$NaHCO_3 + HCl = NaCl + H_2O + CO_2\uparrow$$

十一、自制火炬

火炬给人以力量,给人以光明,催人奋进。万众瞩目的第 19 届亚运会在中国杭州举行,并于 2023 年 9 月 8 日火炬"薪火"开始正式传递。大家也想在学校运动会中传递火炬,现在就制作一个属于我们独一无二的"青春"火炬吧。

实验目的

1.通过对燃烧的条件、灭火方法、灭火原理和爆炸原理的资料研究,明白安全操作的重要性。

2.通过查阅资料,了解历届奥运火炬的设计理念,培养动手操作能力。

实验用品

卡纸、彩笔、微型铝合金酒精灯、无水乙醇、火柴。

实验过程

1.设计火炬,制作图纸。

2.选择材料,制作火炬。

3.探索会亮的火炬。

4.探索火焰会跳动的火炬。

 问题讨论

火炬制作主要考虑哪些因素?

核心知识链接

气体或者液体物质燃烧会产生火焰。

$$C_2H_5OH + 3O_2 \xrightarrow{\text{点燃}} 2CO_2 + 3H_2O$$

十二、自制多功能瓶

实验中,经常需要收集气体、检验气体、洗涤气体、监测气体流速的多功能装置。一个个废弃塑料瓶能制出高大上的多功能瓶,大家也可以来试试!

实验目的

1. 理解多功能瓶的不同作用原理。
2. 体会废物利用,发展科学思维。

实验用品

矿泉水瓶、两支吸管、热熔胶枪、蒸馏水。

实验过程

1. 在矿泉水瓶盖上打两个圆孔,直径大小与吸管一致。
2. 将两支吸管分别插入两个圆孔中,一支吸管末端伸至矿泉水瓶的顶部,另一支吸管伸至矿泉水瓶的底部。
3. 在瓶中装水至短管处。
4. 用嘴吸短管,瓶内短管口有气泡,说明气密性良好。
5. 通过短管吹气,水从长管流出。气压将水压出,可以用于排水集气。
6. 通过长管吹气,瓶外短管口有气流,达到洗气的作用。
7. 当瓶中没有水时,可以通过瓶外长管收集密度大于空气的气体。
8. 当瓶中没有水时,可以通过瓶外短管收集密度小于空气的气体。

 问题讨论

大家还能继续设计出多功能瓶在实际生活中的哪些用途?

核心知识链接

气体存在可以通过气压表现。

十三、自制净水器

大家知道地下水比地表水更干净的原理吗?进入雨季,道路两侧经常会有一些泥水,可以综合利用化学方法进行泥水的净化,先来自制净水器吧!

实验目的

1.通过动手实践,培养学生的动手操作能力,体验化学知识与生活相结合的乐趣。

2.利用家中有的废旧用品,制作净水过滤器,培养节约、爱护水资源的环保意识。

实验用品

矿泉水瓶若干个、小卵石、石英砂、活性炭、蓬松棉、纱布、剪

刀、铁架台、烧杯。

实验步骤

1. 取一个矿泉水瓶,用剪刀剪去瓶底,将瓶身剪至约二分之一处。

2. 在瓶盖处用剪刀或钻子钻出直径为 2 mm 的小孔,以便让液体缓慢流出。

3. 用纱布分别将小卵石、石英砂、活性炭包裹起来。

4. 把瓶口处倒过来放,依次放入蓬松棉、包有纱布的活性炭、包有纱布的石英砂及包有纱布的小卵石。

5. 将泥水倒入净水器中,待过滤完成后,对比前后水样的变化。

 问题讨论

1. 过滤得到的水是否是纯净物?

2. 还有哪些净水方法? 哪种方法的净水程度最高?

3. 叙述自来水生产的过程。

核心知识链接

　　溶液由溶质和溶剂组成,被溶解的物质叫作溶质,溶解溶质的物质叫作溶剂。水是最常见的溶剂。物质溶解在水中形成的溶液称为该物质的水溶液。溶液是均匀稳定的混合物。泥水是泥土加入水中形成的不稳定混合物,是以细小固体颗粒分散在水中形成的经过一段时间易于分层的悬浊液。

附录（一）　元素周期表

元 素 周 期 表

| 原子 —— 92 U —— 铀 yóu —— 238.0 |
| 元素名 —— 称注*的是人造元素 |
| 元素符号，红色 |
| 拼音 |
| 相对原子质量 |

非金属　金属　过渡元素

族 周期	I A	II A	III B	IV B	V B	VI B	VII B	VIII			I B	II B	III A	IV A	V A	VI A	VII A	0
1	1 H 氢 qīng 1.008																	2 He 氦 hài 4.003
2	3 Li 锂 lǐ 6.941	4 Be 铍 pí 9.012											5 B 硼 péng 10.81	6 C 碳 tàn 12.01	7 N 氮 dàn 14.01	8 O 氧 yǎng 16.00	9 F 氟 fú 19.00	10 Ne 氖 nǎi 20.18
3	11 Na 钠 nà 22.99	12 Mg 镁 měi 24.31											13 Al 铝 lǚ 26.98	14 Si 硅 guī 28.09	15 P 磷 lín 30.97	16 S 硫 liú 32.07	17 Cl 氯 lǜ 35.45	18 Ar 氩 yà 39.95
4	19 K 钾 jiǎ 39.10	20 Ca 钙 gài 40.08	21 Sc 钪 kàng 44.96	22 Ti 钛 tài 47.87	23 V 钒 fán 50.94	24 Cr 铬 gè 52.00	25 Mn 锰 měng 54.94	26 Fe 铁 tiě 55.85	27 Co 钴 gǔ 58.93	28 Ni 镍 niè 58.69	29 Cu 铜 tóng 63.55	30 Zn 锌 xīn 65.39	31 Ga 镓 jiā 69.72	32 Ge 锗 zhě 72.61	33 As 砷 shēn 74.92	34 Se 硒 xī 78.96	35 Br 溴 xiù 79.90	36 Kr 氪 kè 83.80
5	37 Rb 铷 rú 85.47	38 Sr 锶 sī 87.62	39 Y 钇 yǐ 88.91	40 Zr 锆 gào 91.22	41 Nb 铌 ní 92.91	42 Mo 钼 mù 95.94	43 Tc 锝* dé [99]	44 Ru 钌 liǎo 101.1	45 Rh 铑 lǎo 102.9	46 Pd 钯 bǎ 106.4	47 Ag 银 yín 107.9	48 Cd 镉 gé 112.4	49 In 铟 yīn 114.8	50 Sn 锡 xī 118.7	51 Sb 锑 tī 121.8	52 Te 碲 dì 127.6	53 I 碘 diǎn 126.9	54 Xe 氙 xiān 131.3
6	55 Cs 铯 sè 132.9	56 Ba 钡 bèi 137.3	57-71 La-Lu 镧系	72 Hf 铪 hā 178.5	73 Ta 钽 tǎn 180.9	74 W 钨 wū 183.8	75 Re 铼 lái 186.2	76 Os 锇 é 190.2	77 Ir 铱 yī 192.2	78 Pt 铂 bó 195.1	79 Au 金 jīn 197.0	80 Hg 汞 gǒng 200.6	81 Tl 铊 tā 204.4	82 Pb 铅 qiān 207.2	83 Bi 铋 bì 209.0	84 Po 钋* pō [209]	85 At 砹* ài [210]	86 Rn 氡 dōng [222]
7	87 Fr 钫* fāng [223]	88 Ra 镭* léi 226.0	89-103 Ac-Lr 锕系	104 Rf 𬬻* lú [261]	105 Db 𬭊* dù [262]	106 Sg 𬭳* xǐ [263]	107 Bh 𬭛* bō [262]	108 Hs 𬭶* hēi [265]	109 Mt 鿏* mài [266]	110 Ds 𫟼* dá [269]	111 Rg 𬬭* lún [272]	112 Cn 鿔* gē [277]	113 Nh 鿭* nǐ [284]	114 Fl 𫓧* fū [289]	115 Mc 镆* mò [288]	116 Lv 𫟷* lì [293]	117 Ts 石田* tián [294]	118 Og 𬭊* ào [294]

| 镧系 | 57 La 镧 lán 138.9 | 58 Ce 铈 shì 140.1 | 59 Pr 镨 pǔ 140.9 | 60 Nd 钕 nǚ 144.2 | 61 Pm 钷* pǒ [147] | 62 Sm 钐 shān 150.4 | 63 Eu 铕 yǒu 152.0 | 64 Gd 钆 gá 157.3 | 65 Tb 铽 tè 158.9 | 66 Dy 镝 dī 162.5 | 67 Ho 钬 huǒ 164.9 | 68 Er 铒 ér 167.3 | 69 Tm 铥 diū 168.9 | 70 Yb 镱 yì 173.0 | 71 Lu 镥 lǔ 175.0 |
| 锕系 | 89 Ac 锕 ā 227.0 | 90 Th 钍 tǔ 232.0 | 91 Pa 镤 pú 231.0 | 92 U 铀 yóu 238.0 | 93 Np 镎 ná 237.0 | 94 Pu 钚 bù [244] | 95 Am 镅* méi [243] | 96 Cm 锔* jú [247] | 97 Bk 锫* péi [247] | 98 Cf 锎* kāi [251] | 99 Es 锿* āi [252] | 100 Fm 镄* fèi [257] | 101 Md 钔* mén [258] | 102 No 锘* nuò [259] | 103 Lr 铹* láo [260] |

电子层数 K L M N O P Q　电子层排布

注：
1. 相对原子质量录自1995年国际原子量表，并全部取4位有效数字。
2. 括号内为放射性元素的半衰期最长的同位素的质量数。

附录（二）　酸、碱、盐的溶解性表（20℃）

阴离子 阳离子	OH^-	NO_3^-	Cl^-	SO_4^{2-}	CO_3^{2-}	PO_4^{3-}
H^+	水	溶、挥	溶、挥	溶	溶、挥	溶
K^+	溶	溶	溶	溶	溶	溶
Na^+	溶	溶	溶	溶	溶	溶
NH_4^+	溶、挥	溶	溶	溶	溶	溶
Ba^{2+}	溶	溶	溶	不	不	不
Ca^{2+}	微	溶	溶	微	不	不
Mg^{2+}	不	溶	溶	溶	微	不
Al^{3+}	不	溶	溶	溶	—	不
Zn^{2+}	不	溶	溶	溶	不	不
Fe^{2+}	不	溶	溶	溶	不	不
Fe^{3+}	不	溶	溶	溶	—	不
Cu^{2+}	不	溶	溶	溶	—	不
Ag^+	—	溶	不	微	不	不

说明："溶"表示物质可溶于水，"不"表示物质不溶于水，"微"表示物质微溶于水，"挥"表示物质具有挥发性，"—"表示物质不存在或遇水分解。

参考文献

［1］中华人民共和国教育部.义务教育化学课程标准（2022年版）［S］.北京：北京师范大学出版社，2022.

［2］中学化学国家课程标准研制组.义务教育教科书化学（九年级上册）［M］.上海：上海教育出版社，2022.

［3］中学化学国家课程标准研制组.义务教育教科书化学（九年级下册）［M］.上海：上海教育出版社，2022.

［4］人民教育出版社，课程教材研究所.化学（义务教育教科书化学九年级上册）［M］.北京：人民教育出版社，2022.

［5］人民教育出版社，课程教材研究所.化学（义务教育教科书化学九年级下册）［M］.北京：人民教育出版社，2022.

［6］浙江教育出版社，朱清时.义务教育教科书科学［M］.浙江：浙江教育出版社，2022.

［7］人民教育出版社，课程教材研究所.普通高中教科书化学（必修第一册）［M］.北京：人民教育出版社，2022.

［8］人民教育出版社，课程教材研究所.普通高中教科书化学（必修第二册）［M］.北京：人民教育出版社，2022.

［9］大卫·E.牛顿.触不到的化学［M］.陈松，等，译.上海：上海科学技术文献出版社，2019.

［10］罗德·霍夫曼.大师说化学：理解世界必修的化学课［M］.吕慧娟，译.云南：漓江出版社，2017.